U0258549

树的呼吸

[德] 彼得·渥雷本 —— 著

张倩 —— 译

DER
LANGE
ATEM
DER
BÄUME

中信出版集团 | 北京

图书在版编目（CIP）数据

树的呼吸 /（德）彼得·渥雷本著；张倩译 . -- 北
京：中信出版社，2023.11
ISBN 978-7-5217-5935-8

I.①树… II.①彼… ②张… III.①树木－普及读
物 IV.① S718.4-49

中国国家版本馆 CIP 数据核字（2023）第 157163 号

Original title: Der lange Atem der Bäume: Wie Bäume lernen, mit dem Klimawandel umzugehen
– und warum der Wald uns retten wird, wenn wir es zulassen
by Peter Wohlleben
Copyright © 2021 by Ludwig Verlag, München
a division of Penguin Random House Verlagsgruppe GmbH, München, Germany.
Simplified Chinese translation copyright © 2023 by CITIC Press Corporation
ALL RIGHTS RESERVED
本书仅限中国大陆地区发行销售

树的呼吸

著者： ［德］彼得·渥雷本
译者： 张倩
出版发行：中信出版集团股份有限公司
（北京市朝阳区东三环北路 27 号嘉铭中心　邮编　100020）
承印者： 北京盛通印刷股份有限公司

开本：787mm×1092mm　1/32　印张：8　　字数：152 千字
版次：2023 年 11 月第 1 版　　　印次：2023 年 11 月第 1 次印刷
京权图字：01-2023-4111　　　　　书号：ISBN 978-7-5217-5935-8
定价：49.80 元

目录

前言

森林的命运与人类的命运紧紧相连，密不可分。这并非夸大其词，而是陈述事实。或许这听起来会让人感到压抑不安，实际上却是人类的希望所在。树木通过建立有效的社交群体，能够很好地应对当前的气候变化。而且其能力远不止于此，它们是我们消除大气中温室气体的最佳选项，胜过任何技术手段。同时它们还能大幅降低区域气温，甚至显著提升降雨量。

顺便说一句，树木做这一切并非为了人类，而是为了自己，因为它们也不喜欢太热太干的环境。然而，与束手无策的人类不同，它们能主动调节环境温度，创造凉爽的环境。树木的这些本领不是与生俱来的，山毛榉、栎树和云杉等树木也要在漫长的成长过程中学习如何正确应对环境变化。也不是所有树木都能成功掌握这些本领，因为这些巨型植物和人类一样，有着很大的个体差异——不是所有的树都学得一样快，也不是所有的树都能做出正确的判断。

在本次漫步森林的阅读之旅中，我将向大家说明如何观察树木的学习过程，为何山毛榉或栎树在夏天落叶并非一定是坏事，以及如何识别出哪些树木做出了错误的决策。

这些研究将为我们进一步揭开树木生活的秘密，掀起树木的神秘面纱，让我们更加了解它们。比如目前我们对细菌或真菌等微生物之于树木的作用所知甚少，因为绝大多数微生物种类尚未被发现。然而，对树木来说，这些小家伙就像肠道菌落对人类来说一样重要——没有肠道细菌我们根本无法生存。探索这一隐秘世界，我们将有许多令人惊奇的新发现，它们将向人们揭示，每棵树都是一个独立的生态系统，就像一颗行星一样，上面住满了无数的奇妙生物。

对树木群体的研究结果也将让人备感意外：森林能够制造气流，将水汽以云带的方式带到数千千米外的大陆，让原本可能是荒漠的地方产生降雨。

由此可见，树木并不是只能被动忍受人类所造成的气候变化的生物。相反，它们是自身环境的塑造者，会在事情可能失控时主动做出反应。

不过，为了能成功应对环境变化，树木还需要两样东西：时间与安宁。任何对森林的干预都会对这一生态系统造成影响，阻碍它恢复平衡。现代林业是如何干扰森林的，想必大家在林中散步时也都深有体会，过去几十年来森林中出现了越来越多的砍伐空地。不过希望仍在！在那些我们不插手的地方，森林都快速且强势地恢复了。我们必须认识到，人类是不可能制造出森林的，顶多只能制造出种植林。我们只需旁观，让森林自行恢复——这便是对其最好的帮助。怀着适度的谦恭，相信自然的自愈能力，这样我们的未来将会：郁郁葱葱！

第一章

树的智慧

若树木犯错

树木在干燥炎热的夏季会面临巨大的问题。它们无法躲到阴凉处，也不能喝冷饮解暑，更不可能快速做出反应。正因为树木反应迟缓，选择正确的策略对它们来说格外重要。然而，什么才是正确的策略？若树木犯错了，又会有怎样的后果呢？

在德国韦尔斯霍芬的北街，也是我们在艾费尔山区的森林学院所在地，街道左侧种植着一列欧洲七叶树。2020 年夏季干旱时，这些七叶树的反应同许多欧洲树木一样，它们在 8 月就开始提前让树叶像秋天一样变色。此外，数年来，这些欧洲七叶树也过得十分艰难，因为在 2000 年前夕不断北上的欧洲七叶树潜叶蛾也终于扩散到了韦尔斯霍芬。

这种浅褐色的小飞蛾原产希腊和马其顿，即欧洲七叶树的发源地。如许多外来物种一样，欧洲七叶树此前在韦尔斯霍芬的日子十分惬意。虽然像德国这样的国家气候太冷，并不能为欧洲七叶树提供最理想的生存环境，但它们在当地仍然过得非常舒适。毕竟它们的寄生虫当时还没有扩散到这一新地点，若能过上远离潜叶蛾的生活，冬天再冷又何妨。

但在 40 年前，情况开始发生变化。此后这种飞蛾一路追随它们的宿主北上，在韦尔斯霍芬安了家。潜叶蛾的名字来源于它们的习性，它们的幼虫会潜入叶片中，啃食出一条条通道。飞蛾会先在树叶表面产卵，随后破卵而出的幼虫会钻入叶片中。叶片上窄小的褐色蜿蜒轨迹向人们展示了飞蛾幼虫是如何欢快地向前啃食树叶的。之所以欢快，是因为它们在叶片中能够很好地保护自己不被饥饿的鸟儿捕食。之后树叶被挖空的地方会枯萎，而随着啃食的进一步加剧，在接下来的夏日中叶片会看起来更加残败，因为飞蛾往往会接二连三地产卵。

因此，北街的这些七叶树树叶在持续数天高温导致的干旱来袭之前就已经受损。面对这种情形，它们的反应像其他树木一样，先暂停光合作用，然后静静等待。至于干旱将持续多久，它们所知道的甚至比我们还少，因此它们有必要保持冷静，不能立刻陷入慌乱。

首先，它们会关闭叶片背面成千上万个微小的气孔。树木通过这些气孔进行呼吸。和我们一样，树木需要呼吸，而且也会在呼气时流失水蒸气。水蒸气能够降低周围环境的温度，因此这些绿巨人会主动利用这一效应，让炎热的夏日变得不那么难受。然而，当树根发出信号说水分补给中断时，叶片中这些无数的小孔就会关闭。停止呼吸后，树叶也无法进行光合作用，因为二氧化碳补给也会随之中断，进而导致树叶无法借助阳光制造糖分。此时树木就只能消耗原本为之后的休眠所储存的养分。

尽管气孔已经关闭，但树叶、树根和树皮等部位还是会有一定程度的水分蒸发，若干旱仍然持续，那就要采取第二措施：脱落一部分叶片。如许多其他阔叶树一样，七叶树的落叶过程也是从上至下进行的。距离树根最远处的叶片，即树冠顶端的叶片首先掉落。将水分向上运输到这些位置尤其需要消耗大量能量，而现在树木无法制造能量补给，因此消耗时必须尽可能节约。倘若树顶的叶片掉落后仍无法满足需求，天上也还不落雨，树木就会一步步继续落叶，直至8月掉光所有的叶片。

不过2020年的这场干旱并没有让山毛榉、栎树以及七叶树落到如此地步——除了个别例外，那些树木可能是过于恐惧，因而一心只想保证自己的安全，又或者它们所处的土地特别缺水。不管怎么说，它们在8月就将叶子完全掉光了。

但实际上，树叶掉光的后果恰恰是这些七叶树无法承受的，因为它们此前就已经因潜叶蛾而变得较为虚弱。带有大量斑驳褐色啃食痕迹的叶片所能生产的糖分有限，导致树木已经处于饥饿状态。树木所处的地理高度也让其处境雪上加霜：它们的所在地北街海拔超过600米，寒冷的艾费尔山区让它们的生长期非常短暂。这对制造养分来说是远远不够的，因为树木不仅要制造养分保证日常运转，同时还要为冬季休眠以及来年开春发芽做准备。如此情形下，这些远离故土的七叶树几乎不可能完成这些工作。而现在随着第三个持续干旱的夏季到来，土壤中最后的水资源也消耗殆尽了。

正常情况下，树木遇到这种情形时可以提前掉光叶子，在9月进入休眠，就如我们林区的山毛榉那样。它们看起来像是死掉了，但在来年春天还会再次发芽，并尽力补足上一年所错失的。七叶树也会这样做，而那些过度惊慌、在2020年8月就掉光叶子的个例则明显过早地使用了这个策略。

8月31日，天公终于大发慈悲，空中乌云密布，不过仅覆盖了艾费尔山区北麓的一小块区域。这里降雨持续了数小时，降雨量约为每平方米60升。虽然对完全干涸的土壤来说这还远远不够，但至少让表层几厘米深的土壤重新变得湿润。我希望这次降雨能给树木带来一些喘息的机会，但接下来几天这些光秃秃的七叶树的反应完全出乎我的意料，乍眼望去，甚至让人觉得十分荒唐：它们竟然开花了。在缺少养分的情况下，树木不应该浪费额外的能量去繁殖，因为在秋天繁殖是不可能有结果的。即使开花授粉了，在冬天来临前的短时间内它们也不可能发育出种子和果实。

在返回森林学院的途中，我与一群实习森林向导同行，他们让我注意到了这一现象。我们仔细观察了这些树，并很快有了收获。我们发现，开花的同时，这些树也长出了嫩叶，而这就是谜题的答案。这些七叶树饥饿难耐！依靠这些枝头新绿，它们可以在夏末再次大量囤积养分，让其存满贮藏组织。很明显，树木在这一过程中无法判断自己是只要在枝头长出叶芽，还是应同时展开花芽，因此就造成了我们现在在这些七叶树上所观察到的现象。

我用手机拍了一小段视频发到脸书上，并在那里发起讨论。从评论中可以看到，显然其他地方也有一些七叶树采取了相同的策略。这次网络调查显示，个别七叶树前几年就已经在秋天开花了，不过我并不认为网上的解释完全可信。人们认为，是气候变化、潜叶蛾侵袭以及真菌感染所带来的压力将树木推向了死亡边缘，为了在临死前再次快速繁殖，它们才在秋天再次开花。[1]

这一观点乍听起来很有道理，可它的前提是，树木无法区分季节。很明显，在秋天开花是不能结果的，因为此时距冬天仅有几周时间，用来结果是远远不够的。如果树木真这么干，那无疑是在浪费精力，只会进一步加剧它们的困境。此外，十几年前就有研究表明，树木会根据日照时长和温度调整自己的行为，并精准地判断季节，正如人类在没有日历的时候所做的一样。由此就又产生了第二种奇怪的解释，即这些欧洲七叶树对季节的判断出现了混乱。[2]持这一观点的人认为夏季的干旱使树木停止汲水，光合作用也因此暂停，当秋季再度降雨时，树木便产生混乱，认为现在已经是春天了。

这一论断更加离谱，倘若真是如此，那生物进化论可能都要忍不住跳出来反驳了。且不论自然界中至少数十年就会发生一次夏季干旱，如果欧洲七叶树真这么轻易就发生错乱，这一树种如何能存续超过 3 000 万年？如果树木定期犯这种浪费能量的错误，那么它们在危机来临时必定是虚弱不堪的，必定会退出生命舞台。

不，真正让树木做出如此反应的是"饥饿"。说得明白一些，对这些树木来说，光长出新叶（包括开出多余的花）是不够的，它们要赶在寒冬来临前补上能量缺口。萌芽会消耗能量，而且是消耗之后就没有了的能量，这些是树木最后的能量储备，它们要用这些能量再次展开叶片获取阳光，制造甘甜的养分。但仅仅长出叶子是不够的，因为发芽时会消耗为来年春天准备的芽点。芽点被提前消耗后，要保证来年树木不会光秃秃发不了芽，七叶树就需要再次萌发出新的芽点。而这样还没完，因为芽点和树叶都要长在新萌发的树枝上，所以七叶树还要同时长出新的树枝。

我们认为，在夏天就已经掉光叶子的树木，秋天会感到强烈的饥饿感，除了叶片（以及无意中的花朵），它们还要形成树枝和芽点。因此只有当它们之后能制造足够多的能量，能够保证有多余的养分越冬时，这一切才是值得的。然而，当下的时节对这些绝望的树木来说是不利的，因为 9 月的白昼已经明显变短，光合作用的时间也随之变短。此外，数周后，尤其在低气压区就会开始大量落雨，降雨虽然会浸润土壤，但也会遮蔽太阳。而且祸不单行，气温会下降，之后初霜也会悄然而至。

北街上其他的欧洲七叶树向我们展示了，树木在 10 月应当怎么做。它们会收回树叶中储存的营养物质，让树叶变黄，之后变为褐色。同时它们需要抓紧时间，因为当初冬伴着夜晚霜冻降临且气温低于零下 5℃时，这些大树就会被迫进入休眠。那时它们就无法正常落叶了，这对它们的影响也不仅是损失树叶中宝贵的营养物质。树叶从枝头掉落，必须由树木通过形成一个软木构成的分离层来主动完成。突然进入休眠的树木枝头还留有褐色的树叶，一场大雪就会给树木带来巨大的压力，进而可能导致整个树冠折断，这一现象我常常能观察到。

北街上大部分欧洲七叶树的表现都堪称完美，当然除了少数陷入恐慌的同伴。相较于那些把叶子变为金黄色的同伴，它们勇敢地在秋天长出嫩绿的新叶，只因养分制造还不够。它们落叶太晚，竟然在 12 月中严酷的初霜降临后才落叶！仅从数据上来看，这些树木中许多没能熬过冬季，在春天长出叶子前就已经死亡。因为长叶子之前还需要进行一件一年当中最耗费能量的大事：将水分挤压至树干中，然后发芽。而这一时间节点也是许多虚弱树木命运的转折点。

最终韦尔斯霍芬的这些欧洲七叶树迎来了一个美好的结局，到了春天它们发芽了，奋力一搏后长出了新叶，终于可以安心补充养分了。

虽然现在许多地方可以看到七叶树秋天开花发芽的现象，但我还从未在山毛榉林中观察到这种情况。当然从理论上说，那里也可能有个别山毛榉会像前文描述过的七叶树一样犯错。但山毛榉林里没有发生这样的事情，原因可能在于它们之间的联系更紧密。

山毛榉会通过交织在一起的树根为彼此提供营养液，帮助虚弱而又饥饿的个体走出困境。因此这些个体不用再次长出叶片进行光合作用，而是可以依靠群体的力量。但人工种植的七叶树则不同，它们位于一条孤独的街道，远离自然森林群体，因此只能自食其力，在没有家族帮助的情况下为生存而战。

面对干旱，阔叶树的应对是明显可见的，而针叶树的应对则是隐蔽的。当然，即使针叶树在秋天落叶也不会引人注目，它们只会脱落最老的那一批针叶。松树枝头上总有三批依次长出的针叶，最顶端是当年新长出的，其后是上一年长出的，最末是三年前的。云杉甚至有六批不同年龄的针叶，不过再久也不行了，因为时间久了针叶会老化并从枝头脱落。针叶树也不会在秋天为自己的树叶换上绚丽的颜色。

不过像阔叶树一样，针叶树落叶是一种主动行为，它们也可以像阔叶树一样在干旱时调节水分消耗。它们会首先停止光合作用，然后脱落针叶来减少蒸发面积。过去几年旱季时，我在林务所的花园中就对这一现象进行了仔细观察。我们给房屋周围的花圃浇水，这样不至于所有的植物都会立即枯死。这些水不仅滋润了蜀葵和一些香料植物，其周围一圈的树木也都从中获益，就连已有 140 年树龄的老松树在 2020 年 8 月的热浪中看起来也仍然精神奕奕。不过也不是所有树都得到了滋养，那些没有位于小小浇水区周边的树木则提前脱落了一整批针叶。枝头挂着两批还是三批不同年龄的针叶，在视觉上会产生巨大的差异，只有两批针叶的老树看起来就已经很稀疏了。因此这个有松树的花园就成了我的露天实验室，我可以对这些树木进行观察和研究。

目前我们一直将注意力集中在地上发生的现象，而在干旱时期，地下也同样发生了许多重要的进程，尤其是在树根部位。树根或许是树木最重要的器官。树根末端有许多细胞，它们共同履行类似大脑的职责。[3] 这些细胞在黑暗中生长探寻，不断记录超过 20 种不同的参数。这些参数不仅包括湿度，还包括重力，毕竟这些柔嫩的组织要生活在地下，不能向上长出地面。同时"感光器"也会阻止树根长出地面，不过这一参数看起来似乎有点多余，毕竟地下到处都是漆黑无光的。然而，位于斜坡处的树根有可能斜向下生长，但不小心仍会钻出土壤。这时能够感知亮度就非常有必要了，这样树根就会以最快的速度撤回斜坡中。碰到有毒物质时，它们的反应也同样惊恐。若它们碰到危险的土壤成分，它们会快速（相对其自身速度来说）绕过问题区域。通过各种各样的感官印象，树根还能决定树木整体应该如何行动，例如何时开花以及枝头长多少树叶。[4]

在夏季干旱时，树根首先要留心记录的参数就是湿度。它们会通过树干向树叶传递信号，让树叶关闭微小的气孔，停止制造养分，以此来阻止水分消耗。

瑞士科学家探明了树根是如何实现这一功能的。他们在实验室中对山毛榉展开观察，并通过实验装置模拟了干旱情景。他们通过实验发现，树叶的活动确实是受树根调节的。当干旱来临时，树根会减少养分消耗，而且毫不令人意外的是，它们也不再向上运输水分。由于树根不再消耗养分，树木上方的组织会营养过剩，导致树叶停止制造养分。树叶会合上气孔，关门停业。不过树木仍然能够存活下去，它们会消耗储存的能量，吸入氧气，呼出二氧化碳，因此夏天受到干旱威胁的森林可不再是天然氧吧了！干旱结束后，树木的行为会让人大吃一惊：树叶吸收的二氧化碳量远超平时，明显生产出更多养分。树木想让自己快速填饱肚子，通过这种胃口大开的方式，它们起码可以弥补干旱带来的部分损失。[5]

然而，干旱时树根到底做了什么呢？为了在地底活动，它们必须持续生长，为此树叶通常会不断向这些位于地下的细嫩组织输送营养液。当光合作用停止或者树叶都掉光时，这对树根来说就意味着饥荒。树根饥荒对树木来说十分危险，因为一旦根毛死亡，就算之后进入雨期，树木的吸水功能也会严重受损。此外，我在2018年年底发现，树木还会因此丧失整体的支撑能力。

在一个无风的雨天，我正准备动身穿过邻村前往森林学院。我刚在门口穿好雨靴，就听到一阵奇怪的咔嚓声。我向角落望去，发现一棵140岁高龄的大松树正缓缓倒下，然后咔嚓一声倒在一间木屋上。我跑过去，对树根进行了仔细观察，发现树根细小的根须受损严重。因此，夏季干旱不仅会影响树木的健康状况，还会影响其稳定性。

不过，一个由芬兰、德国和瑞士科学家组成的科研团队发现，在这一切发生前，这些绿巨人会调动当前所有的能量储备，部分树木甚至会动用经年的积累。该团队首先通过分析树木最细的根须（根毛）中的碳元素来调查根毛的年龄。植物组织中碳元素的年龄可以通过其放射性碳原子的含量来确定。大气中微量（确切地说是万亿分之一）的碳原子会在宇宙射线的作用下转换为碳14原子，其半衰期为5 730年。大气中会持续生成碳14，而植物组织中则不会。碳14会通过光合作用固定在植物组织中，并缓慢衰变，导致植物碳元素中碳14的含量持续降低。因此，植物组织中普通碳元素与碳14同位素的比例能向研究者透露该植物组织的年龄。研究结果显示，本土森林中树木根毛的平均年龄在11~13岁。

听起来是否有些复杂？没关系，我们还有更简便的方法来检测树根的年龄——直接把它切开就行了。树根和树干一样会形成年轮，因为它们的直径也会不断扩大。然而，通过年轮读数得出的结论着实出人意料：年轮显示的树根年龄比通过碳14测定方法得出的年龄要小10岁，即只有1~3岁。年轮可是不会骗人的，那么问题出在哪儿呢？据研究人员分析，造成这一偏差最有可能的原因是树根的贮藏组织中存有经年累积的营养物质。这些营养物质会随着植物组织一同变老，因此当它们被用于形成新的根毛时，就会比新长出的根毛年纪大。[6]

你可能之前听过树木会储存营养物质，但在树木调用这些物质前，它们会在植物组织中沉睡数十年之久，这点我也是第一次听说。

研究者认为，这可能是由于树木调用这些经年储存的营养物质来形成根毛是一种应急策略。即使在干旱时节，为了能完全正常运转，树木也要让根毛继续生长。若干旱使树木无法制造新的养分，那些能够调用经年储蓄的树木就会更有优势。

因此，我们花园里的那棵老松树并不一定是由于根毛干渴而枯萎倒下的，可能只是因为它贮藏组织中储存的应急养分不够，导致地下树根的生长陷入停滞。也可能是它不会精打细算，丝毫没有考虑到会有困难时期，而将养分都挥霍了，毕竟在艾费尔山区这一地带出现如此频繁的夏季干旱实属罕见。然而，要想适应这一气候变化，首先还得能活下来才行。

树木也可以学习正确的生存策略，当然不只是通过大自然无情的鞭策来学习，同类也可以帮助它们避免重大错误，尤其是它们的父母。为了更好地观察这点，我们还是要回到 2020 年的旱季，将目光投向韦尔斯霍芬林区，不过这次我们要观察的是一片半野化的山毛榉森林深处。

千年学习

终身学习并不是现代教育学的发明，树木掌握这一能力已有数百万年之久。尤其对能存活上千年的生物来说，学习是生死攸关的事情。寿命短暂的生物可以频繁且大量地繁殖，还可以通过基因突变快速适应环境。大肠埃希菌（也称大肠杆菌）等微生物在适宜条件下甚至可以每 20 分钟就数量翻倍[7]——这速度是树木无法想象的。某些巨型植物在极端情况下需要数百年才能性成熟，即使是如桦树和杨树等生长迅速的树木，也仍然需要 5 年才能第一次开花。

此外，在森林中，想要更新换代还得有个"编制"才行。一棵母树死亡后会在森林树冠区形成一个缺口，让阳光和降雨不受阻碍地落到地面上，这样后代才有机会成长起来。对德国典型的本土原始森林树种山毛榉来说，一次更新换代需要等 300~400 年之久。因此，针对持续的环境变化而进行相应的基因变异的时间也非常久，甚至太久了。

不过基因突变并不是适应不断变化的自然环境的唯一途径，这点我们人类也深有体会。在过去几千年中，人类的基因几乎没有发生改变，而我们的生活方式却在相对短的时间内发生了翻天覆地的变化。我们的先辈积累经验，学习如何应对改变。他们没有通过改变基因来适应环境，而是通过改变行为。只有这样，人类这一物种才既能在冰天雪地的北方定居，又能在酷热难耐的热带草原生存。长寿物种的生存秘诀就在于学习以及传递知识。而事实证明树木也是这样做的，你可以在下个炎热夏季亲自去验证这点。

在森林学院的林区，古老的山毛榉森林在 2018 年和 2019 年的夏季干旱中展现出了令人惊奇的稳定性。在周边的种植林中，不仅云杉和松树大量死亡，甚至许多老的阔叶树也在 8 月就把叶子都掉光了，而这片自然保护区中的景象则完全与之相反。郁郁葱葱的树冠遮蔽了阳光，其下是一片幽暗，甚至在长达数月缺少降雨的情况下，这里仍然保持着令人舒适的凉爽和潮湿。

而在 2020 年，第三个连续干旱的夏季，情况发生了变化。虽然直至 7 月一切都看起来和前两年没什么区别，但之后 8 月的热浪终究是太过强大。山坡上的森林尽数染上了黄褐色，仅仅 3 天时间树叶就大量掉落。盛夏时节，却有成千上万片树叶飘落，穿过这样一片森林，简直令人感到窒息。直到这时我才开始担心这片山毛榉林的未来，尤其是受影响较重的北面山坡上的树木。这一方位本是特别适合森林生长的，但恰恰是这里出现了一些特别明显的症状。

北坡上白天阳光照射到地面的时间要比南坡短几个小时，主要是由于北坡地面不仅被树木遮蔽，而且位于整座山的背阴面。较短的光照导致北坡气温更低，在这种环境下水分蒸发也更慢。阴凉舒爽的环境让山毛榉和栎树都十分惬意。这一差异还会体现在生长状态上，北坡树木的重量几乎能达到南坡树木的两倍，因为南坡的炎热和干旱妨碍了树木的光合作用。简而言之，北坡就是树木的天堂，或者起码在此前一直都是。

南坡则相反，从树木需求的角度来看，那里一直都算是灾区。它就像一个巨大的太阳能电池，倾斜着迎向太阳，整天都能接收到足量的光和热。南坡的降雨不论是在树冠处还是在地面上都蒸发得更快，而在炎热的夏日，这面山坡上的山毛榉和栎树也明显早就吃不消了。因此南坡上的树木能通过光合作用制造养分的日子要远少于北坡上的同伴。换句话说，南坡当前的气温以及蒸发速度等情况，正是北坡在气候变化过程中将要碰到的。

然而，南坡树木所受到的压力明显要比北坡树木小，我们可以通过树叶是否变为黄褐色来肉眼判断这点。虽然在 2020 年南坡上的树木也并非毫发无损，但常年如苦行僧般的生活经验让它们及时切换到了紧急模式。这让它们能减少水分消耗，并进入一种半休眠状态。

而北坡上情况则刚好相反，炎热的 8 月来袭时，这些树木显然丝毫没有意识到灾难即将来临。即使在 2019 年干旱最严重的时候，这里的地面也一直有树荫遮蔽，仍然保持得足够湿润，直到 2020 年 7 月依然如此。但此时最后一点水分储存却突然耗尽了。之所以突然，是因为一棵成年山毛榉在炎热的夏日一天的水分蒸发量可达 500 升，这样一棵大树若没有及时踩下刹车，那么当天空没有降水补给时，就会突然发现脚下干得只剩沙土。树根虽然发现了这一突如其来的干旱，但改变策略为时已晚。节省珍贵的水资源已经来不及了，现在只能紧急刹车。

北坡上的树木不得已只能大量落叶，匆忙地减少蒸发面积。这一场景之夸张，单从其落叶速度就可见一斑。短短 3 天之内，大部分叶片就已掉落，这对树木来说称得上是全力冲刺。你可以将其和正常秋天落叶进行对比。那时树木会先慢慢将叶片中的绿色素，即能进行光合作用的叶绿素撤回，将其分解并储存在树枝、树干和树根中，以便来年再用。这样第二年就不用再浪费精力重新制造叶绿素了。叶绿素撤走后，树叶中隐藏的黄色素就开始显现。当所有重要的营养物质都撤走后，树木就会开始合成一种由软木构成的分离层，之后树叶就会掉落到地面。整个过程进行得十分从容，往往持续数周，到 11 月才结束。

但 2020 年 8 月的那场紧急落叶则不同，那纯粹是一种恐慌反应。起初，山毛榉是想按部就班，仍然按照秋天的方式来落叶。但很快它们就发现，这样太慢了，还会有大量的水分被蒸发掉。如果此时它们仍不能及时改变策略，那它们将很快枯萎并死亡。

因此山毛榉加快了速度，不仅会脱落褐色的（撤光养分的）树叶，还包括黄色的，甚至绿色的叶片。脱落绿色的叶片对山毛榉来说是最高级别的警报信号。倘若一棵树将叶片中蕴含的宝贵营养物质舍弃掉，而不是（像在秋天时一样）将其从叶片中回收，那么它的生命将岌岌可危。因为来年春天它需要调用这最后的营养储备让自己从休眠中醒来，并生成新的叶片。这时如果有疾病来袭或者再次发生干旱，它的能量就会耗尽，最终走向死亡。因此山毛榉只有在最危急的情况下才会脱落绿色的叶片。

尽管十分匆忙，但从北坡上的一片混乱中我们仍然可以观察到一些秩序。这些树木在落叶时首先是让顶层树冠部分的叶片脱落，再一层层地轮到低处树枝上的叶子。这一策略对大部分树木来说都算成功，因为之后风向就变了，由南向北的气流将湿润的空气带到了艾费尔山区，云团升腾至山坡上方，降下了大量雨水。由此，树木极度的干渴终于得到纾解。它们停止继续落叶，将其往后推迟，尤其是那些仍处于饥饿中的树木。它们剩下的树叶并没有像往常一样在 10 月掉落，而是推迟到

11月才掉落，以此来制造更多的养分，为即将到来的冬天储备营养。

从远处看，森林面对干旱危机时的表现往往要比实际情况更加夸张。一般来说，树冠最外层的树叶是最先由绿变黄的，因此从远处望去，这些山毛榉林和橡树林整体看起来都愁云惨淡。然而，当你实际置身于这些森林之中时，往往会惊讶地发现它们仍然生机勃勃。因为在树冠下散步时抬头看到的是树冠内层的树叶，这些树叶仍然是青翠饱满的。只有当8月所有的叶子都飘落地面时，才是真正的红色警报。

韦尔斯霍芬北坡的大部分树木都将挺过这次打击，但也得到了教训，它们学会了如何更好地分配水资源。它们余生都不会再大手大脚，喝水只能省着喝，冬天土壤中储存的降水也不能在下个春天全部喝光。我们可以通过一些测得的数据观察到这种行为的改变，例如树干直径的增长速度变慢。有了这次痛苦的经历之后，即使未来不再发生任何干旱，这些树木也将始终坚持这一新的策略，毕竟谁也无法预料会发生什么……

这种由新的经验所引发的行为改变，我们称之为学习，而学习是所有长寿生物最重要的生存策略。

植物的学习要更加复杂，让我们先将目光从树木身上移开，来关注一下豌豆。这种豆科植物有种独家优势，相比于栎树或者山毛榉，它们更易于在实验室进行操作。而在研究者的人造空间当中，这群小小的植物为我们揭示了惊人的秘密。来自澳大利亚悉尼的生物学家莫妮卡·加利亚诺在实验室中像训练狗一样训练豌豆。你肯定听过苏联医学家伊万·彼得罗维奇·巴甫洛夫的实验，他对狗的行为进行了研究。当他给狗端来食物时，狗就会开始流口水。当他摇响铃铛时，狗并不会流口水。之后他开始先摇铃铛再喂食。不久之后，狗就会在听到铃响时开始流口水，即使之后根本没有食物可吃。这一行为我们称之为条件反射，两种完全不相关的刺激与同一事情产生了联系。而豌豆同样可以产生条件反射！

莫妮卡·加利亚诺先将植物放置在黑暗中，让它们变得饥饿。之后她不时用蓝光照射这些小植物。光是光合作用的能量来源，而这些豌豆现在非常饥饿，它们会迅速将叶片伸向光源。你可能在家里的盆栽上也见到过这一现象。但仅是这一现象还不足为奇，豌豆的与众不同之处在于，当它们再次处于黑暗中时，它们会让叶子重新回到中间位置。现在研究员将光与气流相结合，在开灯之前先向植物喷一股气流。实验的最后，研究人员在黑暗中向豌豆喷气，但之后不开灯。神奇的事情发生了——这些植物将叶片朝着气流的方向伸去，它们很明显在期待这个方向随后会有光照出现。这说明它们能将气流这一与光合作用毫不相关的刺激和光照联系起来，换言之，豌豆有联想能力。根据莫妮卡·加利亚诺的观点，许多植物可能都具有这种能力。[8]其研究结果说明，我们这些绿色同伴的学习能力要比我们之前预想的复杂得多。它们适应变化的能力应当也比我们所认为的要更强大。要说明这点，我们需要再次将目光投向树木。

树木的学习能持续多久？位于德国梅克伦堡－前波莫瑞州伊沃纳克附近的一些例子尤其让人印象深刻。这里的夏栎有着短粗的树干和遒劲弯曲的枝丫，它们的年龄在500~1 000岁之间，是德国最古老的树木之一。其中最雄伟的树树干直径可达3.49米，体积达到180立方米，是德国树木平均值的360倍。[9]

在林务员的眼中，老树非常容易染病。他们认为其价值很低，因为它们内部的木质常因受到真菌侵染而腐坏，这样就没办法再送到锯木厂加以利用。此外，公职护林员普遍认为，这帮老家伙在高温和干旱面前毫无还手之力。因此有必要尽早将其砍伐，用年轻有活力的树木取代它们。然而，这不过是为了能在砍伐粗壮珍贵的树干时免受公众抗议干扰所编造出来的公关故事。现在，真正的老树在森林中已经找不到了，只有在公园等环境中才能发现它们的踪影。因为这些地方无关林业生产，这里的人们才是真正热爱树木本身。

生长在伊沃纳克的夏栎在气候变化之前的生活就已经十分

艰难，毕竟在这样大规模的种植林区是没有真正的森林气候的。与它们在真正森林中的同伴相比，它们的寿命本应更加短暂。可在所有本土栎树中，它才是长寿纪录保持者，这或许与它们的学习行为有一定关系。

科研人员对其中最老的一株栎树进行了仔细检查。同人类一样，树木也可以接受CT（计算机断层扫描）。如此一来，我们可以在不损伤植物的情况下探查其内部结构。检查结果显示，这个巨人的内部已经完全腐烂空心，仅剩薄薄一层外壳。在宽约3.5米的直径中，外部较为健康的木质层厚度仅为6~50厘米，一些部位甚至已经失去支撑能力。树木必须依靠这些仅存的部分，完成抵御风暴、将水分向上输送至树冠，以及反过来将营养物质向下输送至树根等任务。因此在2018年的干旱中，这些夏栎形容凄惨、令人担忧，也就不足为奇了。此外，这群老树生长在一个动物园中，这里满地都是欧洲盘羊和黇鹿的粪便，导致土壤中氮元素过剩，这对树木来说是完全无福消受的。[10]

2020年，在连续经历了两个夏季干旱后，一个由安德烈亚斯·罗洛夫教授带领的研究团队开始忧心忡忡地对处于第三个夏季干旱中的老树状态进行检查。检查结果很快就出来了，树木的状态竟然非常好！罗洛夫表示，树叶以及树枝的检查结果都表明，它们的状态对这个年龄的老树来说堪称完美。

为了解更多详细情况，研究人员用投掷绳从夏栎的树冠处采集了树枝样本。令人惊奇的是，研究人员竟然在嫩枝上找到了无梗花栎的树叶，即另一种栎树的叶子。事情还远不止于此，除了也有看起来像无梗花栎的果实外，树枝上甚至还有一些只属于比利牛斯栎的树叶。不同的栎树品种竟集合在同一株树上？

林业界很早就流传着一种理论，即无梗花栎和夏栎并非两个不同的品种，它们只是由于生长环境不同而外形相异的同一物种而已。

夏栎果实连接处有长柄，因此也称长柄栎。其树叶外形与无梗花栎稍有区别，二者之间的主要区别在于生长环境不同。无梗花栎生长在丘陵和山区的干燥地带，而夏栎则可以忍受长达数月的水浸，因此生性更喜欢生活在低洼位置，如河岸森林中。因此，至少目前林业界认为，二者并非不同物种。而且在野外森林中，要明确区分二者的树叶和果实的特征也不那么容易，因为两种栎树互相杂交的情况非常普遍，其后代形成了各种各样的中间形态。

因此，对伊沃纳克栎树的这一研究能让我们得出一种新的观点，即二者并非两种不同的树，而是同一种树在适应各自气候环境后形成了不同的外形。基因研究表明，伊沃纳克这些老树的祖先是在冰河时代后从西班牙迁移回来的。倘若现在德国的气候再次变得温暖干燥（正如它们最初故土的气候一样），那它们很有可能会适应这一环境变化且改变树叶形状。这些栎树在经历了 2018 年的干旱以及后续 2019 年和 2020 年两个非常严重的旱季之后，仍然能够自我恢复，这也能很好地说明问题。[11] 换句话说，这些老树可能记起了它们祖先的故乡！

还有一种可能是，我们正在见证新树种的诞生。不过这里的见证是相对的，因为这一过程可能会持续数千年。本土栎树现在可能正分化为夏栎和无梗花栎两个新品种。这一说法可能听起来有些奇怪，因为其杂交种随处可见。栎树是风媒传粉，其花粉会随风飞行数千米抵达周边的树木。它们之间会持续发生杂交，而当树种不断由于杂交而发生改变时，何谈形成一个新的树种呢？

德国本土动物界中也有一个面临类似问题的例子，即小嘴乌鸦，它们可能也即将形成一个新的亚种。小嘴乌鸦会飞行很远的距离，同其他地区的乌鸦进行杂交。尽管如此，仍然有一种特殊的颜色变种——冠小嘴乌鸦——从中分离出来。基因研究表明，小嘴乌鸦和冠小嘴乌鸦属同一物种，且相互之间可随意交配。不过它们在区域分布上常常表现出很大不同。例如在韦尔斯霍芬周围的本土森林中看不到冠小嘴乌鸦，在易北河东岸则常常只有冠小嘴乌鸦而见不到小嘴乌鸦。

尽管这两种颜色的乌鸦也可以产生杂交后代，但这种情况非常少见。这与一种自然现象相关，我们也能在家养的鸡，甚至羊身上观察到这种现象，即颜色相近的动物会觉得彼此更加亲近。这样冠小嘴乌鸦能够保持自己独立的种群，今后也很可能会发展成一个单独的物种。

栎树之间当然不会有这种亲近感，毕竟花粉无法自己决定要降落在哪一朵雌花上，或是不降落在哪朵花上。故而对前文栎树现象的合理解释应该还是它们对各自生长环境和不断变化的气候产生了适应性变化，导致花和果实的外形发生了改变。在我看来，两个不同物种的理论不太可信。

此外，对伊沃纳克栎树的研究还揭示了另一个现象：即使是最老的那些树木，也能够适应不同的环境条件。你可能已经在我的《树的秘密生命》一书中了解到，树木也会学习知识，且能将学到的知识长久保存。若树木已经学习了1 000年，那它们应当比年轻的、刚培植出的树苗更好地知道要如何应对夏季干旱。因此，这些研究结果也告诉我们，应当让我们森林中的树木活得更久一些。

通过学习可以积累大量知识。我们人类会将这些知识存储在书籍或电脑中，抑或在远古时期以口口相传的方式传递知识。那树木是如何做的呢？当它们的生命走向尽头时，它们终生积累的经验也会随之消亡吗？人们一直在探索这些问题的答案，而今终于有一门年轻的学科关注这些问题并找到了答案：树木也会将其智慧传递给下一代。

智慧藏在种子里

　　面对森林——确切地说是林业经营——人们心急如焚。怎样才能让森林对气候变化、高温和干旱做好准备？树木能够学习，但可惜其通过基因获得适应能力的进程非常缓慢。基因突变，即遗传物质的改变以及因此导致的性状改变只能在下一代中产生。而在天然森林中，这只有在树木老死之后才会发生，且不同树种更新换代的时间间隔也各不相同，对某些树种来说这一间隔可长达 600 年——在气候变化急剧加速的今天，这一速度无疑太过缓慢了。

　　许多动物，如兔子，在这方面就明显更有优势。兔子繁殖速度非常快，母兔甚至可以在妊娠期间再次怀孕。因此它们一年可产崽 3~4 次，相应地，它们获得基因改变和基因调整的机会也更多。不过它们的基因突变是漫无目的且随机发生的，在适应环境方面并不是特别高效，纯粹是繁殖过程中基因编码的读取错误。大部分基因突变不能起到任何作用，甚至还有可能朝着完全错误的方向变化。而如果树木也想通过这种方式意外获得能更好适应环境的树，那可能需要数千年之久。若能排除意外并让这一过程加速岂不更好？至少我们人类就是这样做的：我们将经验以口头或书面的方式传递给下一代，这样他们就不用通过基因突变来适应环境，而只需要改变生活习性。而树木是没有文字的，起码没有传统意义上的文字。但它们也能将信息书写给后代——写入其遗传物质中。在我们了解树木是如何做到这点之前，让我们先将目光转向过去，回到二战后的那段时间。

在几十年前，科学界普遍认为基因改变只能通过突变来实现，不能通过经验传递，且经验只能通过口头或者指导的方式传递给下一代。但二战让这一观点发生了改变。在1944年到1945年的那个冬天，由于受到德国的镇压，荷兰发生了食物短缺，许多荷兰人不得不忍饥挨饿。而这一经验明显被孕妇传递给了她们尚未出世的孩子。这些孩子的新陈代谢方式一开始就被设置成了营养不足的模式，因此战后出现的食物过剩给这一群体造成了非常严重的健康问题，同荷兰人的平均水平相比，他们更容易罹患肥胖症及其他现代文明病。[12]

我们身体的每一个细胞都向我们说明，我们的外貌和机能不是仅由基因决定的。每个人的身体细胞中都有相应的整个人体的"施工图"，这些以螺旋结构紧凑地排列在细胞中的物质被称为DNA（脱氧核糖核酸）。单个体细胞上的DNA展开后有 2 米长，这一分子上载有许多遗传信息，这些信息在身体各部位中只有与之相对应的部分信息会得到使用，例如手部细胞就与脑部细胞结构不同。然而，在生长过程或是伤口愈合过程中，身体要如何调节才能做到在某一位置只形成相应的细胞类型呢？这就涉及表观遗传学的内容了，该学科研究的是所有决定基因片段能否得到表达的程序。我们可以将我们的 DNA 想象成一部大百科全书，里面储存着关于我们身体和机能的全部知识。而表观遗传学所研究的程序就像"书签"一样，能确保只打开我们需要阅读的页面。

放置"书签"的过程需要甲基分子的协助，它们能附着在基因编码上，从而改变编码。这一改变过程也会受到自身生活经验的影响，就如前文提到的受冬季饥荒影响的荷兰人的例子一样。

树木也同样能将经验传递下去，慕尼黑工业大学的科学家通过对一株年迈杨树的研究证实了这点。这株 330 岁的老树过去一直在不断地适应周围环境的变化，例如干旱或者气温波动，因此在它的基因中也能明显看到这些变化。可是我们如何能知道这棵老寿星的基因发生了改变呢？非常简单——比较它树枝上位置相距较远的树叶就行。树枝会随着年龄增长而不断变长变老，最老的部分最靠近树干，那里是它们曾经发芽的位置，而最年轻的部分则位于树梢。因此当这株杨树经历了数百年的学习，其基因也不断发生了表观遗传学上的变化后，它的树叶之间也应当存在巨大的差异。

科学家的研究结果证实了这点：树枝上树叶之间的距离越远，其"书签"之间的差异也就越大。对于这株杨树而言，这种改变发生的速度要比繁殖下一代时发生基因突变的速度快上 10 000 倍。此外我们还知道，树木通常不仅能将积累的新知识（或经验）传递给下一代，还能在跨越许多代后继续传递。[13] 同时由于树木每年都繁殖，它们也能每年都产生具有新的适应特征的后代。

但我们要如何确认后代树木是否真的从父母那里学到东西了呢？这样的研究虽然费时费力，但并不复杂。瑞士联邦森林、雪与景观研究所的研究人员对松树林进行了实验，他们自 2003 年起便开始对多个松林区域进行灌溉。这些被灌溉的松树什么都不缺，甚至可以说是娇生惯养。10 年后，研究人员停止对某一区域的林区进行灌溉。之后他们采集了娇养的松树和重回干旱的松树的种子，将其种在温室中。其结果是：一直被灌溉的母树繁殖出来的幼苗的抗旱能力明显弱于后期没有被浇灌的松树后代。这一结果也是最早证实树木能将知识遗传给下一代的证据之一。[14]

在另一个同类实验中，树木则被迁移到了远方。该实验将来自奥地利的云杉种到了苦寒的挪威，树木成熟后产生了后代。

这时也能明显发现树木下一代的学习效果：这些幼苗展现出了和挪威当地同伴相近的耐寒能力。而且反过来进行时，这一学习过程同样会发生，即当挪威的云杉被种到南方时，它们会适应更加温暖的气候，且它们的后代也不再像母树一样耐寒。[15]

因此，认为树木由于长久的寿命以及相应较长的换代期，其适应性变化会永久存在，这一推测便不成立。亲代树木直到生命最后一刻仍在学习，它们的种子已经配备了最新的生存策略，让它们不必再一切从头开始，不用亲自一一试错，这一奥秘的揭示要感谢表观遗传学。如此一来，母树年龄大就不再是一种劣势，反而是一种巨大的优势了，即越老越有智慧，后代适应能力也越强，这些后代可以从父母数百年的经验中获益。而反观高产的兔子，它们至多只能生存 10 年，从表观遗传学角度来看，它们能传递给后代的能力也就较少，如此一来，树木就有了显著优势。

我们可以通过树梢上的情况来判断树木在一生中都学到了什么：一株老树最嫩的新芽中凝结了其毕生所学的知识。在伊沃纳克的栎树这一案例中，这些知识甚至延续了 1 000 年。能表明老树从夏栎（更喜湿）转变为无梗花栎（更喜干）的叶片特征变化，主要发生在高处树冠的树枝上，也就是树木最新长出的树枝上。我们也很期待能知晓，这些嫩枝上结的橡子所长出的幼苗是否比那些老枝上所结橡子长出的幼苗耐旱能力更强。

以目前的研究成果来看，这一问题的答案很可能是肯定的。倘若果真如此，那就能证明树木适应气候变化的能力比此前所预计的要快得多。当然这一适应速度是否够快，还取决于人类肆无忌惮地破坏自然而导致的气候变化的速度。

山毛榉和栎树都喜欢潮湿阴凉的环境，因此不断增多的夏季干旱让我们备感忧虑，不过这可能还不是我们最应该关注的问题。

冬季饱饮

足够潮湿且风和日丽，这样的天气我完全不用为树木担心。而当冬天狂风大作时，我总是会忧心忡忡地看着被风吹弯、痛苦不已的树冠，祈祷不会有太多树木被刮倒。当夏天炎热干燥时，我会担忧云杉的蒸腾，因为它们同时还遭受着小蠹虫的侵袭。即使在夏季出现雷电，并带来足够的降雨时，我仍然会担心。阔叶树能非常好地应对冬季风暴，它们会及时提前脱落叶片，减少风的作用点，这样就不会像常绿的针叶树一样那么容易被吹倒。但在夏季出现雷雨，且往往还伴随着短暂的强风暴时，情况就完全不是这么回事了。此时山毛榉和栎树都还是长满叶子的状态，因此会在毫无准备的情况下被吹得剧烈弯曲。若阔叶树翻倒或被折断，那么大多是由于这种天气状况。

你看，林务员总是有着各种各样的担忧。不过苏黎世联邦理工学院的一个研究团队至少可以消除我对夏季干旱的一些忧虑。研究人员在瑞士的182处森林区域进行了研究，调查山毛榉、栎树或云杉在夏季所汲取的水分是来自哪个季节的。你肯定会下意识地回答："当然是夏季啊，不然还能从哪个季节来？"不过答案却出人意料：主要来自冬季！因此，最重要的不是在夏季下了多少雨，而是冬季降雨量有多少。

不过在思考其后果之前，我们还得先回答一个问题：这一结论到底是如何得出的？

我们先要研究冬季降水与夏季降水之间的区别。为此研究人员需要将蒸渗仪埋入地下，这是一种能采集地表至地下120厘米深土壤中水分的仪器。冬季降水与夏季降水的化学成分不同，且储存位置的土壤结构也不同。但我们要如何得知树木究竟使用的哪种降水呢？非常简单，分析树冠处树枝中水分的化学成分就行了。当然，实际操作不是这么容易的，因为科学家们必须悬挂在直升机下方才能剪切树冠处的研究样本。实验结果表明，山毛榉和栎树在夏季饮用的仍然是冬季降水，而对云杉来说喝哪个季节的水明显无所谓。

有人可能会想，这些树木更多利用冬季降水是因为夏季降水少。但实际上，在瑞士的这些研究地点并非如此，那里约58%的降水都发生在夏季。而且按照这一说法，这些不同树种之间也不应该有区别。

针对实验中阔叶树和云杉之间的区别，科学家的解释是，在同一片林地中，栎树和山毛榉更喜欢在深层土壤的微孔中吸水，而云杉喝的水则更多来自较大的空隙。因此虽然这些不同树种的树根深度相同，但并不像有些林务员所认为的那样，会互相侵入对方的领地。此外要解释如何在土壤中区分冬季降水和夏季降水则容易得多。夏季降雨时雨水会立刻被植物吸收并蒸发，而冬季降水则会慢慢渗入土壤中微小的缝隙里，直到所有的缝隙都被浸透。[16] 这段时间树木都在休眠，因此对水分的消耗几乎为零。根据土壤情况不同，每平方米土地能吸收并储存的水分可达 200 升。[17]

这一新研究结论告诉我们要更注意两方面内容。一是若我们想知道本土阔叶树林状态如何，应更加关注冬季降水。冬季降水必然会越来越少，原因之一就是气候变化导致冬季越来越短。根据德国联邦环境局发布的数据，自 1961 年来冬季时长已经减少了 14 天。[18]

二是重达 70 吨的收割机对森林的碾压导致土壤孔隙的消失。敏感的土壤在受到碾压时会像海绵一样收缩，但与海绵不同的是土壤不会还原，永远不会。收割机碾过的车辙下水分将无法渗透，这让树木在冬季无法正常增加补给。

在正常情况下，完好的土壤在冬季储存的水分可以在旱季较好地缓解干旱，它们就像是树木的储水槽，整个夏天都可以随时取用。

由此，我们对秋季落叶的看法也要相应发生改变。此前人们认为，秋季落叶主要是为了避免树枝负担太重的重量。这些重量可能来自湿润的雪，它们吸饱了水，因此会给有叶子的树枝带来巨大的负担。树木很快将无法承受这一巨大的重量，粗壮的树枝会折断，整棵树木甚至会倾倒。此外没有叶子的树木也能更好地抵御风暴，因为强风来袭时它们几乎没有受力点。

最新研究结果还表明，截留作用可能是落叶的另一个重要原因。截留是指树冠拦截了部分降水，使它们停留在树冠上——这部分降水数量可不少！这些水分不会落到地面，而是直接在树叶上蒸发到空气中。这对树木来说是一种损失，这样就只有更多的降水才能真正让它们解渴，至少在夏季是这样。因此在冬天休眠的时候，树木就有必要"脱掉衣服"，毕竟这些树叶在冬天也没什么用。这样雨滴才能不受阻碍地直接降落到地面。

夏天时情况则完全不同，因为此时森林正是树叶最繁茂的时候，由此产生的水分流失也最多。每平方米土地上方树叶或针叶面积可达 27 平方米[19]，只有当上方的这些树叶完全被打湿，后续的雨水才会落到地面上。同时不同树种之间也存在巨大差异。显而易见，至少在冬天，阔叶林落到地面的雨水会比针叶林更多。在夏天，所有树木树冠处截留的雨量相近，而在冬天则有巨大差异。对山毛榉、栎树和其他阔叶树来说，冬天雨水能几乎不受阻碍地落到地面。由于树枝是斜向天空生长的，落到树枝上的雨水甚至会像在漏斗中一样被有目的地引向树干，之后汇成一道道水流顺着树皮向下流到树根处。对常绿的云杉和松树来说情况则完全不同，冬天和夏天并无区别，在冬天也仍有 30%~40% 的降雨被截留在树冠处。而对这一季节已经光秃秃的落叶树来说，被截留的雨量则降到了 8% 以下。[20]

那我们不禁要问：这些被截留的雨水之后都怎么样了呢？它们会直接从枝头、针叶或者阔叶处蒸发回到空气中，升腾的水蒸气会在别处形成新的降雨云，为当地的森林带来降雨。因此这对整个森林生态系统来说是没有影响的，但可能会对局部森林造成影响，这对原处的森林来说是一种损失。毕竟对于树木个体来说，重要的还是有多少雨水能够到达地面，并最终到达它们的树根处。在针叶林中，树冠处截留了约 1/3 的雨量，为什么云杉和松树要干这种"蠢事"，冬天还将针叶保留在枝头呢？毕竟水才是最有效的万能灵药啊！这还要从这些针叶树的故乡说起，它们的故乡为北方针叶林带，那里夏季短暂冬季漫长。倘若在春天才开始长叶而秋天又要落叶的话，那树木根本没有时间通过光合作用制造养分。在那种地方，树木必须始终处于待命状态，一旦温度允许就开始工作。

雨水要最终到达树根处，还得透过地面上堆积的落叶，它们往往是层层叠叠的，堆得非常厚。不过本土树种的落叶往往十分容易分解，换句话说，这些掉落的生物质对于土壤中的生物群来说就是无上的美味，它们会蜂拥而至，以惊人的速度将这些落叶吃光。德国本土森林中，每年被分解的树叶和树枝重量达到每公顷5吨，而同一面积上掉落的树叶则多达数百万片。仅仅是一棵山毛榉就会脱落50万片树叶，在其脚下形成一个厚度为1~10厘米的落叶层。[21] 根据土质不同，这些落叶会在1~3年内被分解完毕，并形成碎屑状的腐殖土。这些腐殖土是土壤储存水分的主要工具，因此分解过后的落叶对树木来说就是一个储水槽。

在单一的云杉和松树种植林，这一分解效果要差很多。人们通常认为其原因在于松针是酸性的，导致土壤微生物胃口尽失。然而，我认为这是由于本土土壤微生物对这种富含萜烯和松脂的食物消化能力更弱。

雨水穿过云杉和松树厚厚的树冠层到达地面后，还面临着另一个障碍，即经年掉落的松针在地面上形成了一层厚厚的地毯。我常常观察到，这层地毯几乎可以防水，这导致长时间的干旱后水分不会渗入土壤，而是流走。所以现在许多种植林在越来越多的夏季干旱面前生命岌岌可危，也就不足为奇了，因为不同于山毛榉和栎树，云杉非常依赖夏季降水。

对于地下水来说，上方是什么森林这一问题更加重要。毕竟能到达地下深处的，只有经历了上述种种过程后仍然残留的水分。在水滴渗透到地底之前，已经有更多的水分在树冠处蒸发了，这些水分远多于流到地面的水分，也远多于渗进腐殖质和土壤中并被储存起来的水分。同时也别忘了一棵成年大树所消耗的水量有多大，仅一个炎热夏日就能吸取多达500升水。因此地下水得到的补给不过是树木吃剩下的残羹剩饭，而这些剩余的部分也有着明显的区别。例如天然山毛榉林就比松树种植林更加慷慨，其渗入地下的水分比针叶林要多出3~5倍。[22]

不过针叶林中也有例外，那就是落叶松。它们生长在欧洲山区，是当地唯一会在秋天和阔叶树一起落叶的本土针叶树种。它们常和云杉以及松树一起种植在种植林，可惜这种环境不太适合它们。不过比起其他两种树，落叶松要稍微有优势一些。一方面和阔叶树一样，冬天它们光秃秃的树冠在风暴来袭时几乎没有受力点；另一方面，在11月至来年4月之间它们也可以像山毛榉或者栎树一样，让降雨不受阻碍地落到地面。在我看来这一现象并非意外，落叶松天生就生长在更加湿润的地区，因此需要的水分比松树等树木更多。如此一来，那还有什么比进化出一种和阔叶树类似的生存策略更好的办法吗？

待到秋日临近，树木又开始慢慢变色时，你可以亲自预测一下每棵树有多健康。为此，你只需要观察它们的颜色就行了——起码有些树种能通过树叶的颜色清晰地透露出它们的生存状态。

红叶抗虫

2020 年 10 月，事情有些不同寻常：秋天落叶时树木绚丽多彩的着色游戏变得不如以往色彩斑斓了。绿色、黄色和褐色还能如往常一样看到，尤其是黄色树叶仍如以往一样在穿透云层的阳光的照耀下熠熠生辉。往常，我们放马的牧场周边的樱桃树和一株绚丽多姿的梨树会给人美好的视觉享受，从橙色到深红色，犹如烟花一般绚烂。尤其是樱桃树常常会在 8 月底就开始让树叶变色，因为此时它们已经吃饱喝足，干脆关门歇业了。在潮湿温暖的年份，它们明显能比其他树种更快存够养分，当贮藏组织都存满后，再进行光合作用也就没有意义了。但 2020 年夏天的情况则完全不同，它们丝毫没有要变色和吃饱的迹象，只有零星一两处变为褐色的树叶透露了这些树木也同周边的整个森林一样正在忍受干旱。因此毫不意外，之后这些樱桃树没有像往常一样在 8 月底就让树叶变色，而是和其他阔叶树一样在 10 月底才由绿变黄，这也说明此时它们才将营养物质从叶片中撤走。

树叶变黄并非一个主动的过程，而是随着树木为冬季休眠做准备而发生的。此时树木会将叶片中的叶绿素分解，并慢慢收回至树枝、树干和树根中。这些叶绿素冬天会被储存起来，待到春天时重新被运输至新长出的嫩叶中。当树叶中的绿色消失时，黄色的类胡萝卜素就会显现出来，它们一直存在于叶片中，只不过被叶绿素遮盖了。

但红色素则不同，树木必须先将其制造出来，再主动输送到叶片中。红色素就像逆行者一样，行进路线与整体撤退方向相反。研究人员至今尚未探明为何植物要耗费精力这样做。毕竟它们费时费力去合成这一物质时，正处于冬季来临的危机中，这一活动多持续一天，冬天来袭后的风险就增加一分。此时，树木不应该再多运输一种色素，而应该集中精力将剩下的有用物质尽快转移到树枝和树干等安全地带储存起来。因为一旦第一场严寒来袭，山毛榉和栎树等树木就会被迫进入休眠。届时，任何尚未完成的努力都将成为徒劳。

一种常见的说法是，树木这样做是为了给树叶制造一种防晒物质，就像我们的皮肤一样，被紫外线照射后会慢慢变黑。不过这些树叶即将脱落，树木为何非得在这一时间去给树叶防晒呢？研究人员提出一种论点，即叶片中绿色的叶绿素被分解和撤离，导致树叶敏感性特别高[23]，而叶片中的细胞仍然活着，树木要将叶片中的剩余物质尽快抢救撤离，受损的组织可无法完成这一任务。

不过另一种解释听起来也很有道理，即红色素是为了吓跑想在树叶上吸取养分的昆虫。树木通过红色展示自己的健壮，仿佛在说："看这里，你们这些寄生虫！我到秋天还有好多能量，甚至还有闲工夫把叶片都染红。你们可别在我这里落脚，不然到了明年春天我就制造毒素赶跑你们！"这样看来，树叶变红的树木可能是在虚张声势。但事情没这么简单，因为蚜虫等昆虫可有话要说。红色根本不会引起它们的注意，因为它们的眼睛缺乏相应的感受器。也就是说，这些昆虫根本看不见红色。不过也有一些证据证明，这点对它们的选择来说非常重要，下面我将进行详细介绍。

树木准备越冬的同时，昆虫也在为冬天做准备。对很多昆虫来说，办法也很简单，它们会直接死亡。不过在生命结束前，它们还要再次产卵。为了让破卵而出的后代在春天不至于离食物来源太远，母虫会将卵产在合适的树木树皮的缝隙中。树木可以通过在叶片中囤积毒素来抵抗这些寄生虫的入侵，不过只有当树木处于健康状态时才能做到这点。在大型云杉和松树种植林中，我们会发现体弱多病的个体非常容易受到袭击，小蠹虫甚至能够嗅出那些因陷入压力而无法抵抗钻咬的针叶树。

与小蠹虫和云杉之间的这种关系类似的还有蚜虫和苹果树。你可能在花园中观察过这一现象，春天头一批嫩叶刚发芽没多久，就有许多已经像爪子一样向内握紧蜷缩了。此时看一眼叶片背面就能找到原因：成群的蚜虫正在享用这娇嫩的组织，它们将口器刺进叶片中吸取甜美的汁液。严重的虫害侵袭会让嫩芽枯萎，导致苹果树很难向上生长。畸形的嫩芽几乎长不成叶片，导致树木更加虚弱。而这还没完，这些不请自来的"客人"还会传播病毒、真菌或者细菌性疾病。简而言之，蚜虫对树木来说就是个祸害。倘若能有办法让这些小害虫避开自己的树冠，岂不美哉？

而健康的苹果树恰能做到这点，它们会在落叶前将叶子变红。在其他许多入秋后将叶子变红的阔叶树上也能观察到这一现象。多年的科学研究表明，基本上所有秋天树叶变红的树木都面临着大量蚜虫的侵害，成为其袭击的目标。这似乎是一种协同进化，即进食与被食、侵害与防御之间的共同进化。

不过别忘了，蚜虫根本看不见红色。那为什么会有证据表明蚜虫更少侵害叶片变红的树木呢？而且其后代在这些树木上也不是特别健康，这与在秋天仅将叶片变黄的其他同类树木样本完全不同。[24]

尽管在我们看来，红色就是警告的色彩，但树木其实并没有这样想。只要我们用蚜虫的视角重新看一下这个世界，答案就不言而喻了。蚜虫会在秋天寻找能为其后代提供最佳生存环境的树木。绿色和黄色树叶对它们来说都非常显眼，都在给它们传递信号，让它们过去定居并在树干和树枝上产卵。因此红色并非警告色，而是伪装色！这一对人类来说尤其醒目的颜色，在蚜虫眼里就是一种不起眼的蓝绿混合色，可以忽略不计。[25]

哈佛大学的马尔科·阿尔凯蒂想再次对蚜虫和树木的关系进行仔细研究，为此他对苹果树上蚜虫的健康状况进行了检查。苹果树具有一项优势，它既有野生样本，又有大量人工培育品种。野生苹果树历经千年，能与蚜虫共存并发展出适合自己的策略，而培育品种则不行。人类关注的是苹果的产量，会培育那些果子又大又美又好吃的苹果树。因此它们的进化压力就不再来自蚜虫，而是来自人类。苹果树会适应我们的需求，或者说我们的选择标准，因为这才是决定它们能否在人造环境中生存的主要因素。许多其他特性被人为地忽略了，尤其是那些我们目前尚不清楚其相互关联的特性。对培育品种来说，用红色作为防护色来抗虫，在过去并未引起重视——毕竟到现在为止都没有园丁对其有所了解，它们又怎么能受到重视呢？由于苹果树的栽培过程已经持续数千年，因此在许多培育品种上秋天叶片变红这一现象已经消失了。

为了论证这一关联，阿尔凯蒂在春天检查了蚜虫的存活率。在秋天叶片仍是绿色的苹果树上，存活率为61%，黄叶更多的树上存活率为55%，而在秋天叶片变红的样本上存活率降到了29%。

既然叶片变红是一种良好的防御策略，那为什么不是所有的苹果树都这样做呢？除了人工培育更注重其他性状外，阿尔凯蒂认为还有另一种解释，即与这些果树对疾病的敏感性有关，例如可怕的火疫病，这一疾病也是由蚜虫传播的。尤其容易感染的树种相应地就必须大力抵抗这一疾病的传播者，而强壮的树种则可以忍受蚜虫侵袭。阿尔凯蒂在北美对苹果树的实验研究印证了这一点，研究结果表明，正是那些容易感染疾病的培育品种，虽然处在人工培育中，却仍然选择将叶片变为红色。[26]

　　让我们再次回到2020年10月，在经历了一个漫长又艰难的夏季后，德国许多地方很难再看到树木变红了。樱桃树、苹果树或者野生的黑刺李灌木丛虽然由绿变黄，但之后很少再变为浅橙色。在我们知道形成红色素是一个主动且费力的过程后，这一现象就不足为奇了。尽管抵抗蚜虫侵袭对于来年春天的树木健康来说非常重要，但眼前还有一个漫长的冬天，要度过这个冬天还得有充足的营养储备才行。

　　这些阔叶树所处的情形就如同那些冬眠之前只捕捉到少量鲑鱼的灰熊一样，囤积的脂肪层对冬季休眠来说太薄了。它们担心无法度过即将到来的冬天，因此在秋天无法将储存的少量养分再用来变色。之后抵抗蚜虫确实会成问题，但这个问题是树木长出新叶片之后才要面对的。只要能发芽，那就能即刻制造养分。即使之后马上就会被这些不速之客吸走部分汁液，它们的生存概率也会与日俱增。

一项来自瑞士的最新研究则揭示了另一种相反的现象，即树木提前完成养分储存。苏黎世联邦理工学院的学者发现，在气候变化的影响下，阔叶树的行为发生了改变，它们会提前脱落叶片。此前科学界一直预测，气候变化和温暖的秋季天气会导致树木推迟 2~3 周落叶。而根据德博拉·扎尼研究团队的发现，情况明显与之相反，他们预测，未来几十年内，树木五彩缤纷的叶片将提前 3~6 天掉落，原因在于气候变暖导致春天树木提前两周发芽，而叶片也会相应提前老化。

老化？我并不这么认为，因为据我在北坡观察到的情况，尤其在夏季干旱过去后，许多树木会让叶片在树枝上长时间停留。这并不奇怪，因为在水分匮乏时期它们无法制造养分，因此这些树木在 10 月仍然处于饥饿之中。10 月底，甚至常常直到 11 月初，这些养分制造机才会脱落。因此树叶完全可以功能完好地在枝头多停留几周时间。

在我看来，这一研究的另一结论更加接近事实。扎尼和她的团队指出，土壤营养有限导致树木吸收二氧化碳的能力有限。[27] 我们可以换个方式表达，即倘若树木在春天比往常提前两周开始工作，那么到了工作季结束时，它们提前结束养分供给也就顺理成章了。养分必须储存在贮藏组织中，随时可能会存满。而树木不像人一样可以形成脂肪层，能在有需要的时候向外扩展。当它们吃饱了，就是时候停止摄入养分了。为此它们可以直接关闭叶片背面的气孔，为什么还要继续等待而不直接休眠呢？因此整片树叶就会比往常提前几天掉落——至少在没有夏季干旱的时候是这样的。

值得一提的是，我在 2020 年 8 月的热浪中穿过一片我们的古山毛榉保护区时，发现了另一个变化，上一年秋天掉落的老叶还是在地上堆了厚厚一层。此前我并没有过多留意这一现象，但随着土壤干旱加剧，我会定期做一个小测试，看看土壤中的水分还可以坚持多久。你也可以自己在家中花园或森林中做一下这个测试，先将上层的腐殖土推到一边，再用拇指和食指捏取一撮泥土。若你可以将这撮泥土压成一个小薄片，那么土壤中的水分还是充足的。当土壤在手指间变成碎屑时，土壤对于树根来说就太过干燥了。

起初我很诧异，为何这么多秋季掉落的老叶堆在地面上没有腐烂，随即我想到了堆肥。堆肥时也必须保持内部足够湿润，材料才会分解。很明显，没有水，真菌和细菌都无法工作，这也是为什么将食物变干是人类保存食物最古老的方式之一。对这些经历了长时间持续干旱的老叶来说也是这样。这对树木来说有利有弊。干旱时这层厚厚的落叶层可以减缓土壤干涸，但在降雨时它们又会产生妨碍，导致较小的阵雨无法落到地面上。

水滴会先打湿落叶，只有当落叶全部湿透了，多余的水分才会流入土壤。

不过在冬季，重要的并不只是降雨量。对树木来说，在此期间足够寒冷的气候也非常重要，否则在春天树木发芽时就会出现混乱。而此时正是山毛榉和栎树等树木最饥饿的时候，这一混乱会给它们带来额外的负担。

早醒与久眠

许多人可能有过这样的经历：秋日林中漫步后，随手拾起栎树或者山毛榉掉落的一颗果实，将它带回家种在窗台上的花盆里，随后种子会发芽长成幼苗。然而，养在室内的这株幼苗却活不长久，因为它无法经历寒冬的洗礼。树木也像许多动物一样，需要在寒冷的冬季休眠。而进入休眠的前提是日照时间变短以及低温的刺激，否则休眠就会变为"提前死亡"。因此养在花盆中的幼苗想要长久存活，就必须生活在室外环境中。

不过即使在野外的环境中，冬季也越来越温暖。入冬时间越来越晚，休眠结束的时间越来越早。这种情况下，树木慢慢缩短休眠时间不就顺理成章了吗？毕竟现在4月的天气常常就已经热得像夏天了。过去民歌中"5月已经来临，树木发了新芽"的歌词也得改改了，如今枝头出现那抹新绿的时间已经提前了数周。再加上秋冬季不断变暖，植物休眠的时间越来越短。据德国气象局的数据，过去几十年间植物休眠时间已缩短了3周。[28]

稍加推测我们便知，休眠时间变短对树木来说并非好事。

现在它们在 4 月就可以进行大量光合作用制造养料，由此可以更早抵消休眠带来的"饥饿"。而这一时节却潜藏着一种巨大的气象灾害——晚霜冻，即便气候变暖，这一灾害也仍然存在。晚霜冻出现时，即便已经到了 5 月中旬，在晴朗的夜间，气温也会降至零度以下，正如 2020 年最近的一次晚霜那样。气温降至零度以下时，大部分新长出的嫩叶都会被冻死，这对树木来说是一个巨大的生存打击。之后它们只能调动最后的能量准备再次发芽。倘若在这期间它们不幸被真菌或细菌感染，那它们将毫无抵抗力。

冬天越温暖，提早发芽的风险就越大。有一年 1 月的天气就已经非常温暖，这导致在西班牙越冬的灰鹤提前飞回了德国。但直到 2 月，冬天才正式发威，迫使灰鹤再次向南迁徙。鸟类可以来回迁移，但树木不行。因此它们能做的只有耐心等待。在这一过程中，山毛榉不仅依靠温度变化来判断时机，还会在春天日照时长至少达到 13 小时之前保持等待状态。只有这两个条件都满足后，它才敢发芽，显然它对可能出现晚霜冻的恐惧要远大于休眠后"饥饿"的折磨。在德国，一般要到 4 月 23 日才能满足这一日照时长要求[29]——下次春天你去森林散步的时候也可以观察一下，你家门口森林中的这些山毛榉是否也遵守了这个时间表。

让我们回到树木必须经历寒冬这一话题。倘若没有合适的温度刺激，本土树木便无法判断秋季和春季之间的这段时间是否真的是冬季，也无法确认是否真的已经过去半年时间。这可能和我们睡觉的经历有相似之处：在黑暗中醒来时，如果不看钟表，我们也不知道到底什么时候了，也不知道要不要翻个身继续睡。

对山毛榉和枫树来说，冬天气温要低于 4℃，来年春天它们才能正常发芽。若没有这一低温刺激，它们将无法及时从休眠中苏醒——它们会继续等待冬天的到来。极端情况下，某些树枝上的芽点将无法萌发。[30] 因此暖冬对树木的影响可能和大众的认知刚好相反，它并不会让树木提前发芽，而是起到了相反的作用。

冬日严寒对树木不会造成影响，而夏日高温则不然。酷热以及长时间的干旱，这些都不是山毛榉、栎树等树木所期望的。即使在炎热的季节，它们还是喜欢较低的气温。偶尔出太阳，其他时间大量降雨，气温绝不能超过 25℃，这才是树木理想中的夏天。当我们人类还在苦苦追求可靠（至少能提前 3 天以上）的天气预报时，树木已经奋起反击了：若能自己控制当地天气，哪儿还需要天气预报呢！当然单打独斗是行不通的，这需要整个森林的全体树木共同协作。它们是如何协作的呢？我在梅克伦堡的古山毛榉林——"神圣大厅"中碰到了一位研究这一问题的专家，并在他那里找到了答案。

森林空调

在拍摄《树的秘密生命》这部影片期间，我经历了人生中最惊讶的一个瞬间。我和摄影团队遇到了埃伯斯瓦尔德可持续发展大学的皮埃尔·伊比施教授，一个十分亲切的人，此前我已经在我所在的艾费尔林区——"神圣大厅"中认识了他，并且对他非常钦佩。这一"大厅"并非什么建筑，而是德国最古老的山毛榉林之一，其中部分树木已经超过 300 岁。除去部分受到侵袭的树木外，这里已经有约 150 年未砍伐过树木了。一踏入森林，访客就会被原始森林包围，如今这种环境在中欧已经几乎不存在了。倾倒的大树开始腐烂，并向空气中释放出一种类似蘑菇的香味。昏暗的光线下，无数幼苗以极慢的速度向上生长。想必过去整个中欧和西欧都是这种景象吧！

皮埃尔·伊比施和我以及摄影团队漫步穿过这个保护区，这里处处都让我们感到惊讶。例如一棵被折断的巨型山毛榉，它的树干只剩薄薄一层木头。在这根高约 4 米的"牙签"上，长出了新的柔嫩树冠，树冠上的叶子以及叶片内生产的养分让老树，尤其是老树根得以存活。

这根几乎完全腐烂的树干，看上去已经像是一个长条形的小土丘了。尽管由于数周没有下雨，森林外部的田野已经干燥得尘土飞扬，树干表面却仍然非常湿润。皮埃尔·伊比施热情地叫我伸手感触一下。那些碎屑状的物质就像海绵一样，当我用手按压时，就会有水从腐烂的木头中流出。这片小小的古山毛榉林就是通过这种方式来保持湿润的，在经历了一个干燥的冬天之后，这可以算作一个小小的奇迹了。

不过前文提到的惊讶瞬间发生在我们进入保护区的第一次专业访谈中。当时在保护区入口处，皮埃尔·伊比施在一张木头桌子上将一些地图在我眼前展开，正是这些地图让我无比惊讶。地图上展示的是柏林周围不同的地区。一张上面显示有草地、农田、森林、湖泊以及居民区，每个区域都用不同颜色进行标记，就像常见的地形测量图那样；还有一张是用彩虹的各种颜色展示出同一地区。皮埃尔·伊比施向我解释道，后面这张地图是一张温度图，颜色按常理从蓝色向绿色、黄色、橙色和红色变化，即从蓝色（寒冷）向红色（炎热）变化。

这些地图是借助卫星测量历时 15 年完成的，用于研究 6月、7 月和 8 月这三个夏季月份的情况。测量主要在没有云的白天进行，此时卫星望向地面的视野不受阻碍。这样共收集到 470 天的数据。

每当这个空中侦察员在中午 12 点左右飞过柏林上空，就会测量其地表温度。该测量工作在 2017 年结束，即在几个温度越来越高的创纪录夏季高温来临之前就结束了。尽管如此，这一测量结果仍然让人震惊，因为这些地图向我们展示了热浪不仅是由气候变化造成的，而且主要是由人类对天然森林的破坏，以及将土地不断改造成种植林、耕地和住宅的活动所造成的。

地图显示柏林处于深红色区域，而周边的湖泊则是深蓝色。毫不意外，毕竟柏林 15 年来夏季中午的平均温度达到 33℃，而部分水域的温度还不超过 19℃。这一结论听起来有些普通，沥青和水泥确实要比大型水域更易且更快升温。不过城乡之间的区别并不是这一系列测量的主要目的，它更感兴趣的是周边森林在夏季月份的表现。由于颜色较深，部分森林在热图像上乍一眼看上去几乎无法和湖泊区分开来。这些凉爽的区域是古老的阔叶森林，更进一步观察这一研究结果就会发现，山毛榉和栎树的表现就像水域一样，它们会降低环境温度，使这片古老的森林同柏林这样的城市之间的温差达到约 15℃。

即使是有草地和农田的田野，也仍然要比森林温度高出许多，二者温差最高可达 10℃。不过对我来说最惊讶的还是松树种植林，对单一种植林的研究表明，它们永远无法取代真正的森林。它们的温度同古老的阔叶林相比，能高出近 8℃。此外，这些针叶树树冠处会截留更多的降水，因此下方的地面也明显更加干燥。

小范围残留的森林还能为当地气候做出多大贡献，汉巴赫森林可以为我们展示这点。这是德国最著名的森林之一，它已经成为能源转型的象征。附近露天矿场的褐煤挖掘机已经蚕食至森林周边数米的距离，它的结局似乎已经注定。从曾经约 40 平方千米的林木保有量，到现如今只剩 2 平方千米的残余。由于环保运动和环保人士的抗议，对最后这些仅存树木的砍伐经过明斯特高等行政法院的一道临时指令后 [31]，最终通过联邦政府和联邦各州之间的协商得以停止。

这片森林还有救吗？它脚下是一片深度超过 300 米的巨大开采区裂缝。这里夏天会升起热气流，并形成巨大的吸力，吸走阔叶林中老树好不容易制造出来的凉爽而湿润的空气。风暴从矿坑上方不受阻碍地刮过，总会将森林边缘的树木刮倒，森林面积由此缓缓缩小。而周边也几乎没有能够改善局部气候，使其更适宜树木生长的森林，汉巴赫森林位于一片农业荒漠之中，这里在炎热的夏日几乎和露天矿场一样升温严重。

这片古老的森林到底还有机会吗？为了回答这一问题，绿色和平组织委托皮埃尔·伊比施教授的团队针对当地局部气候展开研究。[32] 这项研究的原理大家已经很清楚了，即通过卫星测量不同区域表面的温度，并在地图上用不同颜色进行展示。其他生态研究也在同时开展。研究结果表明，在极度炎热的 2018 年夏天，森林和矿坑之间的温差高达 20℃！这样一片勉强正常运转的小型森林还能努力做到如此程度的降温，实在让人肃然起敬。

可惜这些老树的未来恐怕并不十分美好。挖掘机仍然在不断蚕食逼近，森林边缘的树木也死于高温。在边缘，森林的降温效果就像被一个巨型电吹风吹跑了，大量水汽也同时丧失掉了，或者更形象地说，汉巴赫森林正不断被吹干。

雪上加霜的是，一棵成年山毛榉每天通过叶片向空气中释放的水分多达500升，而由于褐煤开采，这片土地中已经几乎没有任何水分了。而讽刺的是，由于矿场最低点明显位于地下水位之下，为了不让这一巨坑被水淹没，矿场用巨型水泵将地下水抽干了。

因此专家建议，为拯救这片古老森林，应当在汉巴赫森林周边种植一片缓冲林。这些新种植的树木至少能够降低一点周边地区的高温并增加空气湿度，以此来减轻这片古老森林所受的压力。

对我们人类来说，在居住地周围建这样一片缓冲林也是一件好事，正如绿色和平组织的照片资料所展示的那样。[33] 这些环保人士利用热成像相机拍摄了德国大城市科隆的照片，科隆位于莱茵河低地，距离我们林务所一个小时车程。这里的拍摄结果也和柏林以及汉巴赫森林一样，夏季高温下的建筑物和沥青路都是红色，而城市公园的树木则表现得像湖泊一样呈深蓝色。其温度也证实了这点，这些"绿巨人"周围的温度可以低至 20℃，这也为我们建设更多城市绿地提供了强有力的论据。

除了降温，森林还为我们带来了另一份礼物，它能制造更多降雨，我将在下一章节中关于气流运动的部分为大家介绍这点。不过，此前也出现了一丝希望，曾经在森林这一天然冰箱周围不断砍伐的林业局如今已经认识到这一点了。例如莱茵兰－普法尔茨州当时的环境部部长乌尔丽克·霍夫肯就宣布，至 2021 年年底暂时停止对古山毛榉林的砍伐。[34]

当中国下雨

森林不仅能塑造区域气候，甚至还能影响各大洲的整体气候。这一过程中水分起到了非常重要的作用，正如前文介绍过的，蒸发能够带来降温效应。不过树木也能给流动的水造成决定性的影响。

树木会减少透过层层土壤进入地下水的水量，一部分水停留在树冠处，另一大部分则被用于形成生物质和蒸发降温。根据树种不同，这一水量每年累积可达 700 升 / 平方米。[35] 你可以对比一下，在马格德堡这个德国最干燥的地区之一，每年降水量仅 500 升 / 平方米。这里的森林要想维持生存，树木必须控制水分消耗，只能比别处的树木喝水更少，因此生长更加缓慢。

那这是否意味着森林就是让土地变干的水分消灭者呢？绝非如此，因为蒸发的水分并不是直接消失了，它们会被部分回收并通过空气流到其他地区。这些气流中所包含的水分以水蒸气形式存在，比常见的河流中的水分分布要稀薄很多，但也能流动。俄罗斯科学家的研究向大家展示了这点，他们对中国降下的雨来自哪里进行了研究。这一问题可能听起来会有点奇怪，因为原则上降水都来自最近的海洋。海面上水蒸气上升形成云朵，在风的作用下被吹到陆地上。在那里，云朵变成雨水落到地面，雨水再随着重力作用汇入河流中，并最终回到大海——这样就形成了一个完整的循环。因此对于陆地植物来说，至关重要的一点就是，来自空中的降水补给至少要同回流入海和蒸发损失的水量之和一样多，否则一切都会枯萎，最终变成一片荒漠。

俄罗斯学者阿纳斯塔西娅·马卡里耶娃和维克托·戈尔什科夫发现，并不是所有地方都是这样理所当然的。[36] 他们认为，通常情况下降雨量随着与海洋距离的增加而呈指数级减少。仅数百千米外，云朵就停止降雨，降水枯竭，因此植物无法生存，至少在没有森林存在时是这样。倘若有大型森林，则情况会完全不同。森林会将湿润的空气吸到陆地上来，其吸力非常强劲，研究团队甚至将它比作一台生物水泵。即使距离海洋数千千米之遥，有了大型天然森林的存在，降水量仍然不会减少。

而这是如何实现的？两位学者做了如下介绍：森林通过树叶蒸发了大量水分。每平方米森林在树冠层拥有的叶片面积可达 27 平方米，树木通过这些树叶上无数微小的气孔呼出水蒸气。例如一棵老山毛榉在一个炎热夏日蒸发的水量可达 500 升[37]，这些水分可以给森林降温并以水蒸气的形式散逸到大气中。大型森林地带高强度的蒸发活动会形成上升的气流团，并在该地形成一个低压区。低压区的气压低于周边环境，因此空气会涌向该区域。或者也可以说，森林能从海洋吸取新鲜空气，而且是远距离吸取。这些湿润的海洋空气也会上升至森林上空，遇冷后变为降雨降落到树木上。据两位科学家介绍，森林吸取的这些水分的总量要多于树木呼吸流失的水量。

也就是说，总体来看树木水分消耗的结果是它们可支配的水量变得更多。而西伯利亚的森林则为此提供了反证。它们只能在夏天从树冠处主动蒸发水分，冬天到处都被冻得结结实实的，树木进入休眠状态，森林这台"水泵"也要停止工作。研究团队表示，他们所观察到的现象也确实如此。[38]

倘若反过来，森林被砍伐，例如被草场或者耕地替代，那么降雨量会急剧减少，最多可减少90%。这一理论听着很有道理，而且事实上我们也可以观察到这一变化。例如在亚马孙森林，自世纪之交以来，这里发生干旱的情况越来越频繁。这也同当地海岸雨林的消失、日趋深入的砍伐以及由此导致的热带雨林缩小等情况保持一致。换句话说，若海边的"水泵"被破坏，那么就不用讶异为何内陆什么也得不到了。在德国所观察到的古老森林产生的降温效应和雨量增加也印证了这一论点。

不过，针对森林的水泵效应还有其他强有力的证据。来自荷兰代尔夫特理工大学的吕德·范德恩特研究团队研究了自然循环中水的循环。[39] 在此过程中，这些研究人员偶然发现一个简单的事实，蒸发到空气中的水之后还会以雨水的形式降落到地面上。这听起来很符合逻辑，但该团队认为在水文学家的研究中这一点却根本没有被考虑进去。业界认为蒸发的水分对于这个系统来说就损失掉了，而新的降雨是从外界添加进来的。水分在生态系统中会被大面积传递这一点听起来很有道理，而且对于我们认识森林"绿肺"的功能至关重要。这是一个巨型循环，其运转情况比人类社会中原材料消耗的循环利用要好得多。通过多次蒸发和相应的降雨，水分被植物循环利用的次数可多达十次——当然前提是森林没有被大面积砍伐。

将俄罗斯科学家和荷兰科学家的研究结合起来，我们就能发现，森林在全球水资源系统中的作用被完全低估了。它们不仅能（通过制造低压区）影响风力系统，将云从海洋引向内陆，还能始终给空气加湿。此前许多林务员在提到气候变化时，认为树木主要扮演着生物二氧化碳存储器的功能，它们可以是活着的，要是死了更好。每一棵树死后被用于搭建房屋或者制造家具，都被视作一次环保的胜利。毕竟在自然界中，死去的树木被细菌和真菌分解后，碳会被释放到环境中，而现在这些木材里的碳就不再会被释放了。如此一来，森林呼吸的本质就被降级为二氧化碳的保险柜，其在全球水资源和气候调节中的功效至今一直被无视。若能全面评估树木对我们气候的功劳，那很明显，我们要将森林保护置于木材使用之前，对木材和纸张的消耗也要严格进行限制。

水是人类生存的关键因素之一。在热带干旱地区定期会爆发关于流经多国的河流的冲突，例如尼罗河。没有尼罗河水，埃及也将不复存在，毕竟当地居民95%的淡水资源来自这条大河。此外在肥沃的河谷地带，若没有尼罗河，农业也几乎不堪设想。现在位于上游的埃塞俄比亚建设了一座用来发电的拦水坝。大坝巨大的蓄水池要经过多年时间才能蓄满，而这些水原本应该流向埃及和面临同样问题的苏丹。好在几国之间可能爆发的战争，目前还能通过国际调解被化解。[40]

倘若人类认识到通过森林控制的气流有多重要，那么不难想象，未来有一天也会在这方面爆发冲突。不过这方面还潜藏着一个棘手的问题，即拦水坝还可以打开，将水再次供应给下游国家；但森林一旦被砍伐光，消失的气流就不会这么容易再次形成。即使在被砍伐的区域再次植树造林，等到新的森林慢慢恢复曾经的功能也还需要几十年时间。这种类型的大规模试验目前可以在巴西观察到，当地已经开始重建海岸热带雨林，但也只是在部分区域。在树木生长尤其快速的热带区域，这一再生过程要持续多久，以及届时这一"水泵"能否重新运转，都还需要我们耐心等待。

我希望，这两项关于森林在气候和水循环方面作用的研究能引起更大的重视。毕竟著名的探险家亚历山大·冯·洪堡在

1831 年就详细描述了这些关联的重要性。他在著作《亚洲地质学与气候学的部分见解》中写道："森林的稀少或者缺失会同时提升温度和空气的干燥度，干燥度提升会导致河流由于蒸发而减少以及草地植被力量减弱，而这又会反过来影响区域气候。"[41]

树木会通过共同努力实现降温，甚至为自己制造降雨，这是否只是巧合？毕竟树木形成森林已经超过 3 亿年，我们已经知晓了这些绿巨人能在何种程度上共同合作、互相示警、通过树根供应营养，甚至分享记忆。因此我认为，这些大型植物通过建立一个巨型群体成功摆脱了被动地位，至少能将天气部分掌握在自己手中——或者更确切地说，掌握在自己的叶片中。这与如今许多树木在炎热的夏季死亡这点并不矛盾，而且恰恰相反，森林死亡只能说明，人类扰乱这一配合完美的群体后会发生什么，人类的林业活动将森林肢解、砍伐得稀疏透光，或用不合适的树种改造森林，这些都导致全球范围内少量的残余森林无法再正常运转。我将在接下来的森林漫步之旅中为大家介绍，我们要如何逆转这一进程——这是可行的！

若大型植物群体可以在区域气候方面进行合作，那岂不是说明它们也能在其他方面互相关照？对此我想向大家分享一些非常精彩的最新研究结果。

互相关照，保持距离

"母树"这一概念来自林业经济。可能数百年前人们就已经知晓，亲代树木对其后代起着非常重要的作用，我们可以将它们同人类父母相提并论。你可能还记得，我在之前写的书中提过，母树可以在地下通过树根辨别出谁是它的幼苗后代。之后它就会温柔地与后代建立联系，并用营养液对其提供支持，这一过程和人类哺乳非常类似。亲代树木投下的阴影也是一种关怀措施，因为这能抑制其树冠下幼苗的生长，否则在阳光的直射下，这些幼苗会迅速向上生长并形成粗壮的树干，进而导致它们在一两百年内就会耗尽精力。而反过来，若幼苗在阴影中生活了数十年甚至数百年，它们就能存活非常久。阴影意味着更少的阳光和更少的养分。这种由母树温柔的约束导致的缓慢生长并非偶然，许多林务员曾经观察到这一现象。他们至今还会提到"阴影教育"，即有目的地投下阴影这一行为。

在之后的生活中，成年树木也会互相帮助，它们会通过树根互相传递营养液，这样体弱和患病的个体就能度过困难时期，并恢复健康。之后它们可以再为森林降温做贡献，这对所有树木都同样有好处。特别是在气候变化时期，让森林群体不受打扰这点尤其重要，对被误认为已经死亡的树木来说也很重要——它们常常只是生病了。

树木之间互相提供的帮助可能还不止以上提到的这些。亚琛大学的学生在我的林区发现，未受打扰的老山毛榉林中的树木几乎没有表现出能力差异。它们似乎在光合作用方面达到了某种平衡，既没有特别弱的，也没有特别强的。而在被开发过的古山毛榉林中情况则相反，这里许多树木被砍伐了，剩下的个体似乎都变得自私自利。这里的树木就有强有弱，光合作用的能力相互之间差异非常大。

这并不意外，因为它们之间没有接触点了，既不能通过树根，也不能通过叶片接触。它们不会互相帮助，也许是它们本身根本做不到这一点，因为相互之间的空缺太大了。它们很可能并非自私，而只是在孤军奋战，因为它们缺乏周边邻居的直接帮助，只能被迫独自应对各种情况。

对拟南芥这种典型的实验植物的研究，可以向我们揭示植物之间的这种相互关照是如何产生的。拟南芥很容易在培养皿中培植，其生长周期短，能产生大量种子，也非常适合遗传学研究。此外它们的植株高 30 厘米，相对较小，与高度超过 30 米的树木相比这是一个关键优势。拟南芥就相当于植物界的实验室小白鼠。[42]

来自阿根廷首都布宜诺斯艾利斯的两位学者玛丽亚·A. 克雷皮和豪尔赫·J. 卡萨尔在实验室中种植了这种绿色生物，他们发现这种植物会互相关照，确切地说是在叶片的朝向方面。当植物生长分布非常密集时，它们的叶片就会给相邻的植物带来阴影。被阴影挡住的植物光合作用就会受到限制，也就是说它们获得的养分就会变少。这自然会让相邻的植物变弱，从竞争的角度来看这原本是一种优势——毕竟植物普遍都互相争夺阳光。但显然，这一竞争并非不惜一切代价，根据研究团队所展示的，当拟南芥识别出亲属关系后，它们的表现会完全不同。一旦发现邻居是来自同一家族的，它们的叶片就会体贴地改变朝向，让邻居不会在阴影中饿死。

听起来是否不可思议？实际上，认为家庭成员相互关照这一准则专属于人类才是真正不可理解的。识别亲属关系并相应地给予关照，这是自然界中一种非常普遍的现象，而且意义重大。在个体生存依赖于群体力量的地方就会形成团队合作。对哺乳动物来说是家族团体和兽群；许多鸟类是终身伴侣，例如乌鸦；即使是黏菌，也就是单细胞动物，也会通过合作来产生子实体。

不过拟南芥到底是如何识别谁是它们的亲属的呢？若我们思考一下树木及其社交网络，那么答案就不言而喻了——它们很可能是通过树根来识别的。毕竟在 20 世纪 90 年代我们就已经知道，这些巨人可以通过树根供给营养物质、交换信息，甚至识别出自己的后代。不过玛丽亚·A.克雷皮和豪尔赫·J.卡萨尔给拟南芥增加了难度，每棵植物都被放置在单独的花盆中，因此它们和邻居是相互隔离的。不过花盆之间放置得非常近，植物叶片之间可以互相遮蔽。而这时有趣的事情发生了，当植物间有亲属关系时，它们就会将叶片从对方的位置上移开。研究团队发现，拟南芥是通过一种特别的红蓝光波占比来识别亲属关系的，或者换句话说，它们能"看"出谁属于它们家族。为测试它们是否真的是通过光波来识别的，两位学者用基因突变的植物进行了反向实验，这些植物缺少相应波长的感光受体。结果发现，这些植物并没有关照它们的亲属，因为它们无法"看"出哪些是它们的亲属。

此外，拟南芥的行动并非特别迅速，它们善意地将叶片转到一旁，要花好几天的时间。等它们完成这一动作，周边的邻居就能有更多的阳光。但这种关照他者的行为对提供关怀的植物本身有什么好处呢？毕竟在此之前它们的叶片是处于最佳方位的，而做完有利于亲属的这个动作之后，它们自己的叶片会有更多阴影。别忘了，周围的邻居也会同样关照它们，所以总的来说，植物下方的叶片能受到更多的阳光照射。更多阳光＝更多能量＝更健康。与家族成员共同生长的拟南芥植株在本研究中种子产量更高，整体来看也更成功。[43]

树木也会像拟南芥一样，通过叶片给家族成员予以关照吗？这点还没有得到最终证实，不过百年来确实有个现象一直引起人们怀疑，即所谓的树冠羞避（Crown-Shyness）。某个夏日，当你在一片阔叶林中朝树冠处向上望去，你可能会发现每棵树木的树枝周围会有一圈狭长的空隙，通常宽度小于50厘米。看起来似乎没有树木敢用自己的树枝和树叶填满这个间隔区域。从空中望下去，整个森林常常看起来像在树冠间张开了一张温柔的互相关照的大网。

然而，它们真是在相互关照吗？还是如许多学者所猜想的那样，只是由于风的作用呢？这些学者提出，由于树冠的晃动，树木最外侧的树枝会和周边树木产生摩擦进而断裂，这导致树木最终不敢侵入邻居的领地。[44] 他们认为这和相互关照没有关系，只是纯粹的物理现象。要反驳这一观点，你可以亲自在每次散步的时候进行观察验证。树木到处都会将树枝伸入邻居的领地，它们会互相接触，甚至将自己的枝条长到邻居的树冠中去。风或者风暴到处都有，因此所有的森林都能明显观察到摩擦现象（毫无疑问，这在某些地方肯定会造成树枝的损失）。但这并非树冠羞避的原因，真正的原因还需要我们再寻找。

倘若拟南芥之间真的存在相互关照行为，那么部分树木不能彼此提供关照这点或许是有原因的，即我们的大部分森林都是人工种植的。这些树种都来自种子公司，这些公司将种子进行加工并深度混合后提供给苗圃育苗。显然，树苗被种到森林后就会发现，周围的树全是陌生的。只有在那些天然森林，例如在山毛榉家族数百年来一直以大型群体共存的地方，才能更频繁地观察到树冠羞避现象。我没有做过相关研究，但我将在2021年夏天参观罗马尼亚的山毛榉原始森林时关注这一点。在那里，我不仅将通过报刊和电台支持当地环保人士的活动，还将有机会进入真正的原始荒野。

生物学家萝扎·D.比拉斯的研究团队在一篇概要文章中做了完美总结：新的数据反驳了一种观点，即认为植物只是环境中的被动角色。还有人认为植物自5亿年来生长在全球各地，但它们无法识别其他植物，不论是朋友、邻居还是敌人，都无法做出相应反应，这种观点也是不可信的。[45]

树木的生活充满联系，而且不是只与同类联系。那群最微小的生物也是森林生命群体中的重要组成部分，尽管一直以来它们很少受到关注。亲爱的读者们，至少我们现在应该改变这一点了。

细菌——被低估的全能王

和自己的批评者进行讨论是一件非常有趣的事情，为此我和儿子托比亚斯（森林学院总经理）从我最厉害的批评者中邀请了一位前来韦尔斯霍芬。我们之间很快就爆发了激烈的讨论，最终话题落到了森林中的物种多样性问题上。这位高校教授兼林业学家是林业经济的坚定捍卫者，他坚决要求此次讨论不能有媒体代表参与。这位教授认为，通过伐木让森林增加光照是有利于自然的事情，树木收获后，光照会使这片森林区域升温，这将明显提高物种多样性。对于这类论断我只能一笑置之，因为认为这种论断根本不科学的并非我一个人。要确定是否提高了物种多样性，首先要查明物种多样性，也就是说要计算所有物种的数量。在砍伐树木后，再次计算所有物种的数量，之后通过简单的数学计算，判断物种总数是比之前多了还是比之前少了。但可笑的就是，我们基本无法知晓到底本土森林中有多少种生物。

为了弄清活跃在土壤中的生物物种的多样程度，一个由柯林斯堡的科罗拉多州立大学的凯利·拉米雷斯带领的团队对此展开了研究。他们在纽约中央公园挖取了 600 份土壤样本，并对其中蕴含的遗传物质进行了分析。在样本中他们共发现了 167 169 种不同物种的痕迹——这些物种全都是细菌类的微生物，其中目前未知的约有 150 000 种！[46]

在碰到学者时，我总喜欢向他们提问，让他们预估未知物种的占比，而这一私人调查的结果为 85% 左右。也就是说他们估计德国所有物种中大概只有 15% 是已知的，全球范围内这一比例应该也大致相同。

让我们回到同林业学家的对话。对话中我也向他问道，关于目前尚未发现的物种及其数量占比，他是否持有相似观点。"哦，你肯定是指细菌和真菌吧！"他轻蔑地回答道。很明显，他觉得这样的生物根本不值一提，更遑论其背后的研究价值了。然而，不了解细菌等微生物的人，是不可能全面评价人类对生态系统的侵害的，更不可能判断物种多样性是提升了还是下降了。

美国学者罗兰多·罗德里格斯的团队表示："我们对如此重要的微生物却只有有限的了解，这意味着'大发现的时代'才刚刚开始。"[47]

这些小家伙非常重要！至于有多重要，你的身体就能告诉你答案。你体内活跃的细菌数量至少同你的身体细胞一样多。它们是你的一部分，就像血细胞或者感觉细胞一样。近年来的研究向我们展示了，它们能在多大程度上影响我们的生活。例如肠道细菌可以为大脑合成神经信使。一言以蔽之：细菌在我们生活中掌握着重要的话语权。它们可以通过引起恐惧或者抑郁来影响我们的行为。[48] 德国克里斯蒂安－阿尔伯特基尔大学的托马斯·博施所领导的一个研究团队甚至更进一步，大胆预测我们神经系统的起源可能不是为了控制身体部位，而是为了让身体和微生物进行交流。[49] 这样一来，俗语"我听从肚子的感觉"*就多了一重严肃的科学意义。

我们每个人都是一个独立的小生态系统，拥有由数千种不同细菌构成的特殊组合，这就如同指纹一样独特。仅在手掌区域，平均每人都有 150 种不同种类的细菌。同时左右手之间区别也非常大，仅有约 17% 的细菌种类是相同的。不同人之间手掌区域细菌种类的重合率仅在 13% 左右。研究人员在被试者手掌区域共发现了 4 742 种不同的细菌种类，你可以将其和脊椎动物的物种多样性进行一下对比：整个欧洲的鸟类物种还不超过 700 种。[50] 因此你的手掌就是一个生物多样性的热点区域。同时研究还发现，洗手并不能破坏这一小宇宙，这些小生物能通过迅速繁殖在短时间内再次回到最初的组合结构。[51]

我们的生存离不开这些微生物，它们也不能没有我们，因此从科学角度来看，我们可以被称为一种新的单位——共生功

---

* 这句俗语意为"我相信直觉"。——译者注（以下若无特别说明，均为译者注）

能体（holobiont，holo 即整体，bios 即生存）。地球上到处都是共生功能体，这听起来有点像科幻电影。不过迄今为止将生物按照单个个体进行严格区分，对包括人均拥有 100 万亿个身体细胞的人类在内的多细胞物种来说[52]，很多时候是没有意义的。许多物种是由大量共生功能体组成的，每个共生功能体都各不相同，因此物种多样这一概念涵盖的范围太小了。

每个独立躯体都是由数千个物种构成的独特生态系统，这一说法可能适用于所有多细胞生物，当然也包括树木。这将，不，这必定会彻底改变我们对森林的看法以及对待它们的方式。

埃伯斯瓦尔德可持续发展大学的皮埃尔·伊比施教授用清晰的语言阐述了这些新知识："最终我们发现，生态互动和生态进化的主体根本不是生物物种，而是成分复杂的共生功能体。我们即将跨入一个对森林生态系统和整个生物世界拥有全新理解的时代。难以想象的巨大'知识盲区'正在显现。而与此同时，人类正以前所未有的规模对生态结构进行全面而彻底的干预。"[53]

一旦我们开始丧失全局观，那我们应立即停下来反思。而在生物学中，随着越来越多新发现的出现，我们越来越丧失了对自然事件的全局观，或者更确切地说，现代研究证明了我们从未有过这种全局观。将生物细分为各种类型以及给各个物种在生态系统中分配任务，这些工作并不简单，而且根本是有问题的。这种做法源于几个世纪前的自然观，按这种自然观，我们的环境好比一台高度平衡的机器，而每个物种都有一个与生俱来的任务，终其一生它们都要完成这一任务。我们通常还会从有用性的角度去审视这些任务——当然都是看其是否对我们有用。

有益或者有害的标准总是单纯与增加或者损害人类的利益有关。而这就是问题的关键所在，这种视角将人类置于中心位置。而人类本身则没有任何特殊任务，其他所有生物都是这台机器内部的仆人，它们为人类这一万物之灵服务。

为了了解这台机器是如何运转的，我们将之拆分为一个个齿轮，即在科学上划分物种。但自然秘密并不能这么容易就被揭开，因为"物种"这一概念已经被推翻很久了。如今我们知道，它实际上是共生功能体，即不断变化着的生态系统，我们每个人都构成一个这样的生态系统。不过造成这一混乱的细菌本身也有待验证，这些不同的细菌种类真的能被称为物种吗？根据以往的定义，物种的前提是生物能有性繁殖并产生有繁殖能力的后代。但细菌并不是这样的，它们直接且毫不费力地就分裂了，这同时也带来一个新的问题：分裂后的细菌是两个新的细菌，还是一个母体和一个后代呢？此外，这两个细菌的基因通常差异非常大。人类的遗传物质同黑猩猩的遗传物质仅有

5%的差异，而同一"物种"内的细菌相互之间的基因差异可达30%。[54] 为什么科学对细菌能做出如此妥协，而对动物则有理由拒绝呢？因为若非如此，细菌的"物种"概念最终将会出错。这一例子说明，科学根本无法掌控生命如此复杂的多样性。

让事情更加复杂的是，细菌本身还会被病毒入侵或吞噬。据学者估计，每天约有300亿种这样的病毒随着其猎物穿过肠道黏膜进入我们的血液循环中，再通过血液循环进入各处身体器官。[55]

哎！你是否已经被绕晕了？我已经晕了，不过说实话，这根本不重要。承认我们无法完全了解生命循环这点就已经是一种解脱了，当然也是一种耻辱。至少我们目前试图改造自然，让它最好能与我们共存，而不是不需要我们帮助，就是可耻的。由此衍生出来的灵丹妙药非常简单：若想维护大自然，原则上我们只能旁观它多姿多彩的生命活动。当然，总有些地方，当地已经灭绝的动植物种类可以再次出现。可若要重建整个生态系统，则只有在我们简单做出初步努力后，直接让相应地区回到自由生长的状态才能成功，尽管这对于习惯有所作为的人类来说可能很难。

我跑题了。实际上，植物，尤其是树木与细菌合作或者与细菌融合为一个共同的有机体已经是老生常谈了。你还记得生物课的内容吗？其中曾有（或者现在还有）关于根瘤菌的话题。根瘤菌和其他一些细菌种类有一种对植物来说非常重要的特性，即它们可以将空气中的氮元素转化为氮肥。除此之外，氮肥只能由人类在化工厂合成。若没有细菌，树木只能依靠闪电、火山喷发以及野火这三种放热过程将空气中的氮元素转变为植物可吸收的形式，但这些现象都太罕见了。因此部分细菌种类准备帮助树木走出困境。它们这么做并非完全无私，因为倘若不这么做，它们根本不可能在没有树木的帮助下获取营养。

也就是说，这些小不点需要一个能够对它们的服务报以营养液奖励的伙伴。这时我们脑中肯定会浮现出一个词——"共生"，指的就是不同物种之间的合作关系。这种合作可以是松散的关系，例如蚂蚁和蚜虫的合作。蚂蚁会用触角拍打蚜虫，紧接着蚜虫就会分泌甜美的蜜露。作为回报，蚂蚁会保护这群绿色的小蚜虫不被瓢虫捕食。尽管如此，蚜虫和蚂蚁彼此都可以独立生存。

真菌和藻类融合在一起长成一个生命共同体，以前也被称为共生。然而，它们只能共同形成一个物种，分开后就无法独立存活。因此在这里使用"共生"这一概念就不恰当了。真菌和藻类融合在一起形成的单位更多地被称为共生功能体，否则我们也可以宣称，我们血液中能攻击和消灭病原体的吞噬细胞也不是我们身体的一部分。

起码根瘤菌在与树木融为一体之前是独立生存的。为吸引这些小助手，树木从树根处向周围土壤释放营养物质当作诱饵。之后细菌会朝着最细小的分支——根毛部位移动。这时有趣的事情发生了，当根毛识别出细菌后，树木会允许它们进入体内。这时，至少到此对我来说共生就结束了，这两种不同的生物融合成了一个新的单位，即共生功能体。现在树木为这个新客建造了舒适的居所，它在树根处形成了根瘤。这会消耗树木的能量，不过之后它会得到氮肥形式的回报。这样拥有根瘤菌的树木就可以在原本缺乏氮元素的土地上扎根了。树木要长得比草本植物高，因此同根瘤菌的融合就是一种很大的优势。例如桤木属或刺槐属的不同树种都会利用这种优势。不过也有许多树种没有能力和这类细菌合作。还有一些虽然有这一天赋，但并没有这么做。其中一个本土代表就是欧洲鹅耳枥，它们至今还会象征性地让这些小生物进入体内。至于它们为何会这样做，目前还是自然界中的未解之谜。[56]

树木与细菌的合作也可以发生在树根以外的地方。这种合作方式的细节尚待仔细研究，但结果仍然令人兴奋。来自荷兰瓦赫宁根生态学研究所的学者表示，植物拥有抵抗病原体的免疫系统。与人类和其他动物不同的是，植物的这一免疫系统不在体内，而是分布在外部。这是一种分布在树根周围的细菌生命共同体，能够阻止树根被腐败菌等病原体感染。[57]

再次回到我们同前来艾费尔山区拜访的林业学家的对话。很明显，他认为这种复杂的生命共同体并不重要，因为在对话中他仅通过已知物种的数量来定义生态系统的质量高低。而若预估有85%（甚至明显更多）的物种还属未知且无法统计，数量并不能作为评价标准。在大多数物种未知的情况下，提出通过人类干预提高总体生物多样性是没有科学依据的。然而，关于林业界善意地通过砍伐树木和建设种植林来有效提高物种多样性的传说虽然轻易就能被反驳，却仍广为传播。不过幸好现在这一现象已经开始得到纠正，稍后我再向大家介绍。

拒绝知识的科学家在历史上并不鲜见。在林业科学领域，情况尤其糟糕，因为森林是减缓气候变化的关键，同时林业经济当前已经对全球2/3的森林造成了负面影响。[58]

当意识到这群复杂的生命共同体依靠各类微生物维持了森林生态系统的运转时，人们就会发现林业经济如同进了瓷器店的大象一样行为鲁莽。其应对气候变化的方法就是替换家具，即替换树种，用非德国本土的欧洲栗或者黎巴嫩雪松种植林替代山毛榉林。这些森林最终会突变为不自然的人造产物，且这一产物被气候变化破坏的风险也会上升。本应保护和照看森林的人类为何陷入了死胡同？让我们在下一章中共同寻找答案。

第二章

林业的无知

背水一战

传统林业当前面临着巨大的问题：云杉和松树种植林大量死亡，公众也越来越多地发现其原因并不仅仅在于气候变化。小蠹虫会啃食这些单一树种的林区，山火会将林区付之一炬，森林制造降雨和自我降温的奇特功能也由于电锯砍伐而大幅减弱。

而此前一切看起来都那么完美且运转良好：全球多个国家都以德国林业为榜样，将大面积的森林区域转变为种植林，在数十年间持续可靠地为工业提供木材原料。种植快速生长的树种以及优质树种所造成的结果如同通过大规模饲养动物来进行肉类生产一样，所种植的树木都是年轻且能快速收获的，其"屠宰重量"也基本一致。

和大规模饲养中的动物一样，种植林中的树木也特别容易染病，而且由疾病和自然灾害造成的大面积歉收也时常发生。此外，这种大规模种植的树木的质量也明显不如原始森林中树木的质量好。但以上事实都不为公众所知，因为工业界已经学会如何应对这些更细的树干和更差的木材质量。那些由于种植林中种植条件恶劣而丧失的木材品质，如今都可以通过技术进行弥补。你可以试着去买一根完整的粗木梁——你会发现根本找不到。现如今这种木梁完全是由小木板拼接黏合而成，这样一来，就算没有这么大尺寸的木材也可以进行生产。

所有人似乎都很满意，但也忽视了森林因为粗放经营变得越来越脆弱这一事实，气候变化仅仅是压死骆驼的最后一根稻草。过去这几十年间的两难困境现在已经显露无遗，由国家组织和规划的森林经营这一完美的空中楼阁正缓慢且不可阻挡地分崩离析。

此外，林业经济的规划要比农业规划难得多。从产品来看，二者有许多相似之处。木材是一种会腐坏的产品，在夏季收获后，往往只有数周的时间可以等待加工，否则真菌和昆虫就会损坏木材，严重降低木材质量。即使在冬季也几乎同样没有喘息之机，因为在气候变化的背景下，冬季变得越来越暖和，导致真菌在这一季节也能在木头中生长。

林业与农业之间的巨大差异在于从种植或播种到收获的时间间隔。农业可以每年都重新进行安排，而针对林业的各个树种，一个决定的影响周期可以从60年一直持续到超过200年。可谁能提前这么久就知道之后在木材市场上哪种木材会受欢迎呢？此外，现在的气候变化更显著提高了这种不可预测性。当前要关注的不仅是未来的销售市场，还有树木在死亡前究竟能否长到合适的尺寸或活到可以收获的成熟年龄。

祸不单行的是，即使没有气候变化，冬季风暴也会每隔几年就发生一次，将大量树木刮倒在地。由于木材是一种易腐商品，这些被刮倒的大量木材必须尽快销售，由此导致木材价格大幅下跌。而这也自然会为此后木材供应的可持续性带去问题。与农民不同的是，他们可以在自然灾害过后第二年直接从头再来，而林场在这种情况下对待剩余的林木要更加谨慎，因为风暴"伐倒"了太多树木，这些都不在计划之中——自然就是如此残酷。此外，定期造访的干旱、小蠹虫侵袭以及随时会追捧另一种木材种类的家具制造潮流，都让林业经营雪上加霜。而最糟糕的情况莫过于整个行业分支的倾覆，正如在矿井坑道中起支撑作用的坑木一样。

一言以蔽之，人们对于林业经济几乎无法做出中长期预判。尽管如此，大中型私人以及公有林场仍然要被迫做出十年规划，他们要计算、规划和测量，只为在十年之期结束时能够得到一个完全不同的结果。我还从未见过这种长期规划有哪个真的起到任何作用。

林业经济的长期规划行不通还有另一个原因：即使在只有部分受损的森林，木材生产也已经陷入停滞。这点就算对外行来说也很容易理解。在夏季就已经掉光叶子的树木，不可能像在正常年份一样形成那么多木质。倘若整体情况继续恶化，那么林业规划也要被迫调整，或者更确切地说，必须调整。

我们在森林学院的咨询讨论中总是能发现，在林务员的陈述中，他们就像会计员一样对待气候变化。他们会将死亡的云杉数量从收支平衡表中剔除，但残余的山毛榉和栎树林的情况同样岌岌可危这点，他们在规划时却多次忽视。当前他们在这些地方也是予取予求、大量砍伐，而这恰恰会削弱那些原本可以完美抵抗气候变化的森林，即古老的栎树和山毛榉林。它们的社会群体被破坏，森林土壤也在光照下升温干涸。当前许多雄伟壮观的阔叶树已经遗憾地死亡，而林业部门在无所不能的公关团队的帮助下总有应对之道。山毛榉死亡？那就直接炸毁它们吧——起码还能制造一个头条新闻！

山毛榉林大屠杀

2019 年 9 月的一个周日，图林根森林中爆炸声响彻山谷，古老的山毛榉树呻吟着倾向一边，随后断裂倒地，树冠分崩离析。这是联邦国防军在执行任务，士兵将炸药包放置在这些古老的巨人身上，顷刻间就将它们送上天。[59]

在这一次行动中，共有 30 棵山毛榉和两株云杉以这种轰动的方式被伐倒。官方企图通过引起媒体的关注来向公众展示，政府部门对森林中发生的危机做出了应对。但他们的应对方式太过头了。因为放置炸药装置必须由爆破工在树干处进行操作。倘若树木真的已经腐烂到马上就要倒塌，那么应该禁止任何人靠近。但如果在树干处进行操作从安全角度来看是可行的，那为何不直接用卷扬机的钢缆将其固定，然后在安全距离内通过牵引车将树木拖走？我不禁怀疑，他们此举只是为了展示自己的干劲和能力。

在德国，到处都能听到类似的事情，当然或许没有这么野蛮。老山毛榉树生病后会立马被砍伐。人们要消除潜在的危险，因为这些老树的树枝可能会掉落，甚至整棵树都会倾倒，这可能会给路人造成损失。人们为此甚至出动了全球最大最重的木材收割机，它有一个令人恐惧的名字"Raptor"（伶盗龙）。这一重达 70 吨的机器，其机械臂可以轻松锯倒整棵老树，并将木材抬起送到行车道上锯成小段。木材收割机 Raptor 一天可以处理多达 80 棵老弱的山毛榉树，并一点点蚕食、深入这些古老的阔叶林。

但并不是所有看起来很虚弱的树木都会死亡，生病的山毛榉完全可以自行恢复。即使整个树冠部分都已经死亡，许多树木仍然能够在稍下方位置再次长出树冠，这样它们还能再存活数百年。许多在 8 月就掉光叶子的个体也完全有能力在来年春天再次正常发芽。正如我们当前所知的那样——它们会学习。

为了防止出现所谓的危险，目前许多地方将这些有学习能力且正在奋力求存的树木清除了，即使它们长在森林深处。此外森林所有者还会引用交通安全义务这一条款，来防止森林访客出现危险。但正如 2012 年 10 月 2 日联邦最高法院的判决结果一样，这其实是完全不必要的。[60] 根据这一判决，即使是长在森林道路边上的体弱多病的树木也不用被砍伐，森林所有者只需对由其自身造成的危险负责，例如木材从木材垛中滚下，或者被砍伐的树木横在道路中间导致骑自行车的人跌倒等。因此，我认为他们这么做并不是真的为了保护过路者，而是为自己能在染病的森林中继续砍伐木材找理由。

当然也有情感因素驱使人们匆匆砍伐有树木死亡的森林。倘若经过多年或者数十年小心翼翼的砍伐后，种植林突然变得病恹恹，那这无疑是一个证明自己犯错的明显信号。如果让大量死亡的树木留在森林中，公众就会产生疑问：现在究竟是否还需要林务员？这一困境到底是谁造成的？

在云杉和松树大量死亡的事件中，相关部门和林业学家断然拒绝承担任何责任。他们认为是第二次世界大战在城市中造成了巨大破坏，导致战后加强了对针叶树的种植。谁能批评前人想要迅速恢复木材加工业的愿望呢？——毕竟那时德国需要进行战后重建。但这一论据根本站不住脚。在 20 世纪 40 年代至 50 年代，若要使用木材，肯定不会用刚刚种下的才及膝高的云杉树苗。几年前还有多位这一领域的领军人物严厉警告不要将针叶林大量转变为阔叶林。例如赫尔曼·施佩尔曼教授在 2015 年还曾说过，在新造森林时减少针叶树林是一出闹剧，他呼吁更多地改种针叶树。有趣的是，施佩尔曼先生直至 2020 年都是德国联邦食品和农业部森林政策科学咨询委员会的主席，因此他的言论在塑造森林未来的过程中具有举足轻重的分量。[61]

或许林业领域几乎没有人愿意承认自己的错误，不断死亡的山毛榉恰好印证了这一点。通过前文我们已经知道，这些宏伟的阔叶树正承受着巨大的压力，尤其是那些树木被大量砍伐的地方，森林的社交结构被破坏，剩余的老树只能苦苦求生。现在，当它们在夏日高温下死亡时，这就意味着林业经济可以免于为森林糟糕的现状负责。毕竟中欧和西欧是山毛榉原始森林的故乡，倘若连这些本土树种都开始死亡，那原因肯定就不在林业经济上了——妙啊！

异想天开的解决办法简直信手拈来：若官方解读认为是树种原因导致的问题，那么就不需要更换人员，而只需要更换整片森林就好了。这听起来十分狂妄自大，可这一更换已经开始大面积实施了。这种勤勤恳恳，放言"我们能做到"[*]的行为，为负责相关事务的政客提供了绝佳的机会，以展示他们的学识和行动能力——可惜这一切发生在树木的世界里，一个原本只需要安宁平静的地方。

---

* 2015 年欧洲难民危机爆发时，时任德国总理默克尔在同意接收难民时的名言。

德国寻找"超级树"

2019 年 3 月，在静谧的哈弗尔兰地区，德国联邦食品和农业部部长尤利娅·克勒克纳出现在一片被砍伐过的空地上。她手中拿着种树工具，将花旗松一棵一棵插入土壤中。正如之后媒体公布的部长手持北美针叶树树苗的照片无形中给人留下的印象一样，这一行为展示了政府的行动力和决心。[62] 但事实上这一举动的真正意义完全与之相反，它意味着"继续这样！"，意味着他们近乎顽固地无视针叶林林场的时代已经落幕这一事实。

有一句知名的格言说道："若人们总是做同样的事情，却每次都期待有不同的结果，那无疑是非常愚蠢的。"可以说，"传统林业经济"就是愚蠢的代名词，它从不讨论如何改变工作方法，而是讨论如何让森林适应这些方法。如今他们就像在试镜一样，在"德国寻找'超级树'"的口号下挑选树木。我们可以通过直接更换树种的方式修复森林吗？当然不行，这样只会让森林中所有的物种陷入饥荒。我们可以通过自身的饮食结构来说明这点。

人类饮食中的绝大部分是由各种草类构成的。草是我们的主食？虽然听着很奇怪，但也很容易理解。玉米、小麦、燕麦、大麦、稻米——这些都是禾本科植物。这些例子并不完全，但也展示了草类在我们日常生活中起到的决定性作用。在全球，仅直接食用谷物的比例就超过了50%[63]，此外人类还将其用作动物饲料，这样草籽也会转化成蛋类、奶制品和肉类出现在我们的餐桌上。

你可以设想一下，若政府计划在接下来几年将我们的饮食从传统的谷物转变成黑麦草、牛尾草或者绒毛草等草类，那我们的食物体系将会崩溃，因为对人类饮食来说这些种类是绝对不适合的。实施这些（虚构的）计划的后果就是我们都会饿死。如此对待民众需求的政府，之后绝对会被轰下台。

草类和树木有一个共同点，即两者的科学分类都十分粗略，因此不太容易直接做出推论。那些在草类身上完全清楚的事情，在树木身上往往会被忽略。其实树木也通过花朵、果实、树叶、树皮、木头或由此形成的腐殖质为成千上万种动物、真菌和细菌提供了基础食物。倘若我们将本土的山毛榉或栎树替换为花旗松、北美红栎或者欧洲栗，那我们就给大批的土壤生物判了死刑——它们很多根本无法消化这些外来的植物养料，就会饿死。

树木是森林食物链的起点，这一链条在历经数千年之后早已高度分化。但要弄清这点并不容易。通常动物界的食物链结构是从小到大，链条顶端往往是体型最大的生物，例如大型食草动物或大型掠食动物。至少对于海洋或陆地草原这类生态系统来说，食物链就是这样分布的。如果要有那些位于食物链顶端的动物存在，那么这一生态系统必须是完整无损的——毕竟只有当所有前端环节存在时，它们才能存活。因此若要简要评价某一环境状态，那么只需看一眼这些大型动物即可。

在森林中情况则相反，这里最大的生物才是食物链的起点，因此食物链后端的大量成员很容易被忽视。甚至还会有很深的误解，许多人（包括许多专家）认为森林主要是树木的集中地。这自然也在法律中有所体现，法律仅将森林定义为有树木生长的区域。只要此地到处都生长着花旗松、欧洲栗、云杉或者松树，那么它就是一片真正的森林，即使对成千上万的本土物种来说这里无异于一片绿色荒漠。

从这种思维出发，自然便得出我们可以直接种出森林的结论。我们为此只需准备足够的树苗就行，而当现有的树种无法再进行林业种植时，我们就会直接用其他树种替代。最后就出现了当前的局面，林业的工作变得像农业一样——时不时地更换"蔬菜"品种，只不过生长周期要明显更长，因此不确定性更高。

新的树种主要有一个特性，即能够经受当前越来越频繁的酷热和干旱等气候变化。因此林业人员在寻找树种时，主要是在那些目前气温和降雨量与其预测的德国未来几十年的状况相同的气候区域，即将目光投向南方那些纬度更低的区域。

用这种简单的方法寻找树种并不难，除了前文已经提到的来自北美的花旗松和产自地中海区域的欧洲栗，还有土耳其榛（分布于东南欧）和东方山毛榉（分布范围从巴尔干半岛到伊朗）都是热门选项。这些树种要和其他外来树种一起，满足德国未来 80 年预计的木材需求。

引人深思的是，相关责任部门和林业学家拒绝对大量林场死亡承担任何责任，却仍然大力支持大面积种植针叶树。而即使种植的是阔叶树，若它们只是外来物种，对本土自然环境也没有益处。这些引进的外来树种中确实有一些让人印象深刻的，例如泡桐树，又名毛泡桐或者紫花泡桐。它可以忍受零下 20℃ 到零上 40℃ 的温度变化，每年高度增长可达 4 米，10 年后就可以形成半立方米的木材。相较之下，德国树木平均要到 78 岁时，大部分树干内才能形成半立方米木材。因此泡桐树真的可以称得上是高产树木，同时还非常美丽，可供观赏。

尽管我们为森林的未来做了许多仓促的努力，并提供了一些看似有效的解决办法，但这并不能掩盖林业管理部门的所作所为并非为了生态，而更多是为了原材料供应这一事实。甚至慢慢连外行都被渗透了一种观点，即森林改造不仅在广义上，而且在字面意思上也等同于工厂改造——这里自然是指木材厂。几年后，这片年幼的森林在我们看来十分不错，但对森林生态系统来说却是一个巨大的灾难。对许多本土动植物来说，种植陌生树种就意味着大面积剥夺它们的生存基础。这些新树种在森林视角下只是一个空壳，原本应存在于其中的成千上万的本土物种大面积消失了，仅有一些具有普适性的物种能够存活，即那些能适应各种环境的物种，它们不会因此受到威胁。

最终，这种传统林场模式的林业经济还是只能种植少数几种树。但与几十年前不同的是，现在公众获取信息的渠道更加通畅，会越来越严厉地审视这一改造过程。但在这种压力下，改变的仅仅是语言表达方式，一些有创意的思维游戏和文字游戏出现了。生长在更南方地区的树种在越来越暖的气候变化下不是本来就要自行迁移到德国的吗？正如新的官方语言中乐于宣传的"辅助迁移"一样，种植这些喜暖树种不是对森林的一种帮助吗？据其解释，我们帮助的是那些本来就要自行迁移到这里的树种。只不过它们的速度相较于气候变化太过缓慢，因此需要一些支持。[64]这听起来很有道理，我们要从两个方面说明这一措施。

当气候带移动时，植被也会随之移动，正如最近一次冰河时代后所发生的那样。冰川消失后，形成了被草类、苔藓和灌木丛覆盖的冰原。随后出现了云杉和松树林，随着气候越来越暖，先是栎树，后来是山毛榉取代了这些针叶树。这种在冰川退缩后发生的迁移至今仍然在发生。例如山毛榉已经达到瑞典南部，而总是出现在树木阵线最前端的云杉林已经抵达了芬兰的拉普兰地区。已经？毕竟树木的移动速度非常缓慢，只能一代一代缓缓向前移动，它们前进数百千米就需要几千年的时间。但在气候变化的时代，情况完全不同。

目前，在短短数十年内，气候带就会发生移动，这一速度只有那些种子可以进行超远距离飞行的树木可以跟上。例如杨树和柳树这种荚果被绒絮包裹的树种，可以借助剧烈的夏季风暴在短短几小时内将种子送到数百千米以外。相反，山毛榉和栎树这些种子较重的树种则处于劣势，无论风刮得多大，它们的种子总是会竖直掉落在母树下方。只有松鸦等鸟类能够将它们的后代运到几千米外（并在那里将其作为越冬口粮埋起来）。这类种子较重的树种的平均移动速度约为每年400千米。从前这一速度足够让它们在气候发生改变时调整分布区，但在今天这一速度无疑太过缓慢。

它们的移动还面临着另一个非常严重的阻碍，即人类的居住边界。倘若树木想向北迁移，那它们首先要得到人类的允许，让它们能够在草地、农田和城市中扎根，这样它们才能慢慢将分布区向前推移。然而，谁能忍受让前进中的树木临时——这意味着 100 年或者更久——占领自家草坪呢？

没有人会愿意的，任何不请自来的，在露天园圃中随处扎根的树木都会以最快的速度被清除。这点我自己也感同身受。我们林务所周边的土地上虽然种了许多大树，但也有一些草坪，我们非常喜欢坐在上面喝咖啡或打羽毛球。但让整个林务所完全被树木占据，即使对我来说也太过了。由于每个人都会这么做，相当于我们将这些想要迁移的树木困在了它们所在的森林区域。树木为应对不断升高的气温而自发进行的迁移活动就这样被我们完全禁止了。

若现在林业管理者将原本生长在更南方区域的树木移到位于北方的德国，那他们也仅仅是帮这些树木跳过了一些区域，最终到达它们想要到达的位置。而这时棘手的问题来了：林务员如何得知，哪些树种即使没有人类的帮助也能到达这些地方？就算这些树种成功抵达这里，它们又是否会长久在这里扎根呢？对有些树种来说答案十分明显，例如北美的花旗松肯定不属于这类树种，毕竟它们连美国东海岸都还没有占领。因此我们可以很肯定地推断，它们肯定也不能跨过大西洋来到欧洲西部。

原产中国的高产树种泡桐树肯定也不可能抵达德国或者北美，虽然在北美，泡桐树作为入侵物种已经在部分被砍伐后的空地上定居了。基本上对所有非本土物种来说这都是不可能的，因为即使是对原产巴尔干半岛或者土耳其的土耳其榛来说，中欧也太过遥远，未来几百年内它们不可能有能力迁移到这里来。

但从纯经济角度来看，这些林业经济的新星有一个难以匹敌的优势，即它们在抗虫害方面更加健壮。与山毛榉、栎树或者云杉相比，这些树种看起来明显更不合真菌和昆虫的胃口。事实也是如此，甚至字面意思上也是这样：这些讨厌鬼专注于本土树种，只爱吃熟悉树种的树叶、树皮和木纤维。在饮食这点上，它们跟我们大多数人也没什么两样。

在引进树种时，人们不是直接引进树苗，而是大部分以种子的形式进口，这样便没有恼人的寄生虫，可谓是"干净的"。因此这些花旗松、北美红栎或者土耳其榛都长得非常健康，而云杉和松树则会被成群的昆虫啃光。此时许多林务员常会误以为这些外来树种可以让人安心了，实际上却还为时过早，因为情况会慢慢转变。由于全球贸易，越来越多的真菌和昆虫界的偷渡客来到这里，随即它们就欣喜地发现它们爱吃的食物已经遍地都是。

花旗松松果瘿蚊就是这样的偷渡客。这种蚊子看起来小巧无害，由于体型微小，其大量幼虫可以挤在一根花旗松松针里。在松针里，这些幼虫可以免受鸟类侵袭而欢快地向前啃食树叶，直到啃穿松针并在外结蛹，经过一个冬天后再次开启这一循环。

对花旗松来说这无疑是个灾难，因为严重的瘿蚊虫害会让它们丧失所有的针叶，失去针叶后这些树木就会饿死。这一现象自2016年起发生得越来越频繁，例如在莱茵巴赫这个小城市的森林中。2018年，当地负责的林务员向一份日报诉苦，他提到花旗松是让他操心最多的树种。[65] 而我们还记得，次年，食品和农业部部长尤利娅·克勒克纳还种下了花旗松，以便让森林能更好地应对气候变化。

那土耳其榛这一树种怎么样呢？它们甚至在自己原本的故乡，即从巴尔干半岛到阿富汗地区一带都难觅踪迹。在德国，城市中偶尔可以碰到它们的身影，森林中则绝对罕见。土耳其榛可以很好地抵抗炎热和干旱，同时还有一些令人欣喜的特性。它不仅木质坚硬结实，果实榛子还和灌木品种一样可以食用，因此有双重用途。但最近土耳其榛上越来越多地出现了一类不速之客，即大跗突瓣叶蜂，它们明显迷上了土耳其榛的味道。这种叶蜂的毛虫会将土耳其榛的树叶啃得只剩叶脉，导致它无法进行光合作用。不过这也还不是什么大问题，毕竟土耳其榛还没有形成成片树林。但通过这件事情，大自然已经给我们示警了：如果我们继续种植这种可口的树木，可以想到今后事情会如何发展。[66]

种植这些外来树种就如同轮盘赌游戏一样，一切都寄希望于最终的那个数字。尽管有了这些知识，但一些林业经济的从业者仍然没有立刻搁置帮助树木迁移的工作。他们还有其他想法，他们可以选山毛榉或者栎树等本土树种，直接在这些树木分布区的最南端寻找那些可以抵抗炎热气候的样本。对山毛榉来说，其分布区最南端至少可以到达西西里岛，或向东南延伸到黑海岸边。利用这些南方树种的种子培育耐热的树苗，然后在北方育林，岂不正合适？这些树种的后代对如何应对旱季有足够的经验，而且不用担心它们会对本土生态系统造成负面影响。毕竟它们与本土树种都是同一物种，原本依赖山毛榉的动物和真菌种类不会碰到任何问题，而且恰恰相反，尽管气温升高，但它们的生态系统和它们的主要食物来源都会保持不变。

这一论点听起来有些道理，但我们不能轻易因为气候变化而更换树种。确实，气候在变化，但变化有多快，区域影响有多大，还没人能预测。我们可以想想过去这些年，气候变得干燥和炎热的速度简直出人意料。现在寄希望于南方树种，实际上就是在赌那些林业从业者能够预测未来 100~200 年的天气变化走向。

2020 年 5 月就是一个最好的例子，天气打了那些误以为能预测天气的林务员一个措手不及。5 月中旬，夜晚气温骤降至零下 10℃，连最健壮的栎树的新芽和嫩叶都冻坏了。因此选择树种不应该看平均气温，而要看当地最极端的天气情况。正由于树木可以活得很久，因此就算这种极端降温现象出现的频率很低也不行。如果一种喜暖的树木未能在两年后接触晚霜冻，而是在 10 年后才经历这种气候现象并因此死亡，那这又有什么用呢？

来自南方地区的山毛榉和栎树还有一些其他劣势，它们不了解我们当地的气候。这不仅指晚霜冻，还包括降雨量及其年度分布。它们不熟悉这里的环境，甚至土壤和土壤中生存的各种微生物都给这些新来的树种带来了巨大的挑战，且目前尚未有人研究过这一点。另外，将外来物种的种子带入德国，还有可能会将目前未知的一些疾病带进来。

你听过"树木病毒学"这个概念吗？这是柏林洪堡大学新建立的一个科学分支，研究问题为树木是否也会得流感等疾病。听起来是否有些疯狂？其实植物也会被病毒侵袭并患病。对树木来说，罪魁祸首不是新型冠状病毒，而是 EMARaV（欧洲花楸环斑相关病毒）。这种病毒不仅入侵花楸树，还会感染栎树、白蜡树、杨树及其他树种，造成树叶损伤，进而使树木变得虚弱。

这时可能有人会想，树木之间的接触非常少，疾病并不容易在它们之间传播，正如倘若我们人类都乖乖待在原地，那可能新冠肺炎疫情就永远不会发生一样。但对树木来说，移动的另有他者，那就是昆虫。它们为了寻找可口的营养液，会从一棵树飞到或爬到另一棵树上，从一片森林移动到另一片森林。

在此过程中，它们身上若携带着病原体，就会在下一次刺入可口多汁的树叶时顺带将其传播进树叶中。柏林的这些科学家正在研究其他新型病毒，这些病毒已经在欧洲的阔叶林中大面积传播了，它们会同有害真菌和细菌一道进一步削弱这些树木。[67]

当然，人们早就已经知晓，植物也会患上病毒性疾病。但作为林务员，他们最多能够对真菌和细菌有所了解。至少目前在林业学界，似乎还没有人认识到病毒这些小生物在树木身上扮演着与在人类身上相似的角色。现在，当人们将南方森林的树种带到北方并在当地播种时，很有可能会将病毒释放出来。这些病毒是否会给我们造成意外后果，如果会的话，又是什么样的后果，这些问题目前都还不清楚，需要我们对其进行全面研究。正如我们已经提到的，人类对细菌的多样性都还一无所知，那么对于更微小的病毒，人类的无知也就不难想象了。

此外还有一些因素，我们尚不知道它们是否会对树木的状况造成影响，例如日照时长。在山毛榉分布区最南端的西西里岛，6月白昼时长要比汉堡短2小时。这听起来无关紧要，但阳光对树木来说意味着糖分和养料。将不熟悉北方环境的幼苗种在户外会有什么样的后果，我们还不知道。尽管山毛榉也是在冰河时代后从南方迁移到北方的，但这一过程是缓慢进行的，而且持续了数千年。山毛榉有足够的时间去适应新的环境，或者换句话说，它们有足够的机会去学习。对于现在这种气候环境，这些南方的山毛榉则没有机会学习——而且又能向谁学习呢？这些新来的树种在这里只能直面未知的前路，在生活无情的鞭策下学习。

为何要帮助这些树种迁移到北方？我们现在就能发现本土山毛榉正在学习如何适应环境并立即将经验传给后代。这再次说明，人类急功近利的品性，和只有依靠移情能力才能观察到的树木的缓慢反应之间有着很大冲突。

而且，树木是否同意这种"辅助迁移"，以及森林是否真的想要这样，这些问题都值得严重怀疑。目前，只要林务员对本土生态系统不进行严重干扰甚至破坏，它们在应对气候变化方面一直表现得还不错。

然而，大自然在努力进行自我调节的过程中根本得不到喘息，因为现在的森林改造活动以及大量投入建设的林场有了一个新的强有力的经济理由作为支持：企业的绿色形象。

善意往往不得善果

植树现在很"in"*。在许多广告宣传册和电视广告片中，我们都能见到笑容满面的人在森林中种植树木以应对气候变化。

种树是一种主动行为，能传递希望并给后代做出表率。毕竟树木可以活 500 年，其间它们不仅能大量固碳，还能为我们的空气提供丰富的氧气，为无数物种提供家园。

这听起来很美好，但许多情况下并不能很好地实现。一个典型例子就是，一个大型建筑市场连锁品牌 2020 年底在其宣传册和广告短片中都宣传要种植 100 万棵树。[68] 这本是非常喜人的事情，毕竟谁也不会嫌树木多。按照不同种植间距，100 万棵树苗大概相当于新建 1~3 平方千米森林。然而，新的森林真的能出现吗？这家公司更多宣传的是对现有林场进行改造，目的是让森林能够更好地抵抗气候变化，简而言之：移走云杉，引入阔叶林。倘若这真能给自然带来额外好处，那也是件好事。为了弄清这片新种植的森林，让我们先来看看这一行动是如何

---

*   "in fashion"的简称，有流行、处于时尚潮流尖端的意思。

推进的。这一建筑市场连锁品牌的合作方是德国森林保护协会（SDW），一家经过认证的自然保护机构。[69] 但如果知道德国狩猎协会等也属于自然保护机构，那我们自然就明白这一标签并没有多大说服力。

德国森林保护协会在其发展宗旨第二点中有如下表述："我们将森林及其文化、经济和生态功能作为工作的核心内容。"[70] 这里将生态功能放在经济功能后面是巧合吗？很可能不是，因为这一保护协会通过许多行动支持了国家林业管理部门的公众形象。例如共同举办森林青少年活动，让中小学生了解林业经济对森林有什么好处。在这一案例中，德国森林保护协会承接了执行建筑市场连锁品牌发起的活动的任务，并给愿意参与活动的森林所有者写信，告知他们活动要如何进行。他们的指示读起来就像是国家林业管理部门的森林改造方案，只规定了适应当地环境的树种，其实就是通过话术把外来树种也符合条件这一事实进行了隐晦表达。[71] 他们可能不知道，在林业术语中要用"当地本土的"才意味着真正的自然？

实话实说，如果你要捐赠一棵树，难道不应该将它送给大自然，让它在那里安静地老去吗？不应该让它生长在一片树木互相扶持、能够制造清凉并增加降雨的森林中吗？简而言之，你的这棵树不应该成为一片不受干扰的保护地的一部分吗？

可惜残酷的真相并非如此。这些树木再次出现在种植林中，而且根据规划，它们通常平均只能活到几十岁，其木材大多被预定做经济用途。除了森林生态系统，大气也同样会受到损害。树木中固定的碳经过或长或短的时间后会再次散逸到大气中——毕竟所有木制品最终的结局都是进入锅炉、垃圾堆或者废木料发电厂中。

但即便没有企业支持，各处也出现了大量新种植的树木。特罗伊恩布里岑发生森林火灾的地区就是这样一个对种植林进行大量投入的典型例子，尖锐地揭示了种植林的未来命运。2018年夏季干旱时期这里发生了火灾，约4平方千米的松树种植林熊熊燃烧。当时我想，无论如何都要去这片区域仔细看看。山火对于德国来说其实并不寻常，因为我们最初的本土阔叶原始森林根本无法燃烧。而在大面积引进针叶种植林后，它们饱含松脂的树枝和松针非常易燃，森林火灾由此成为越来越引人关注的问题。

皮埃尔·伊比施教授在这一森林火灾区域进行了研究，他和生物学家耶安内特·布卢姆勒德尔一起研究了当地森林在没有人类干预下自然恢复的过程。2019年5月初，我们和电影《树的秘密生命》摄影团队的约尔格·阿道夫与丹尼尔·舍瑙尔两人，另外还有皮埃尔·伊比施一起约好在火灾地集合。我们一群人在烧焦的树桩间穿行，令人惊讶的是，有一些树桩从火灾中活下来了，不过受损非常严重。此前，在我的想象中，森林火灾过后的区域是完全荒芜的，只剩一些树墩死气沉沉地矗立在灰烬中。而实际上，大部分山火只是在森林下层的林木中蔓延，松树5~6米高的地方只是略微烧焦了，并没有完全烧毁。森林仍然保持完整，但不再是褐绿色，而是一片黑褐色。

我们的鞋子带起灰烬，更加重了这种可怕的末日感。不过别急，偶尔几处地方会有点点绿色从烧焦的土壤中露出来。我们蹲下身，用黢黑的手指小心翼翼地触碰这些小勇士。真的是树！虽然小得让人几乎认不出来，但这几处地方确实长出了最早的一批枫树苗和松树苗。不过，要相信这些少得可怜的希望之星能够在无尽的末日黑暗中谱写新的强壮森林的序曲，着实需要一些乐观主义精神。

而在数百千米外，我也惊讶地见到了对待火灾区域的另一种方式。这里的森林所有者将所有的树桩统统伐倒，不论死活。当时是5月，我们在一望无际的大片砍伐空地的尽头看到一台行驶中的木材收割机，这是我们前面提到过的一种收割机，能够将树木在几秒钟内伐倒，砍下树枝，并将树干切分成便于操作的小段。地平线尽头的这台机器将略微烧焦的松树一棵接一棵地吞噬殆尽，徒留一片荒凉的空地。整片土地上密布的拖拉机行驶过的车辙印，更加重了这种荒凉的景象。一位在场的林务员告诉我们，这里之后整片土地都会翻耕，因为根据他们的经验，在勃兰登堡的环境条件下，这里很难再自然形成新的森林。

翻耕过的垄条上是没有腐殖层的贫瘠沙土，林业经营者在上面种上了高度几乎不足 10 厘米的矮小松树苗。松树？我问同人为何他们还要再犯同样的错误。"啊，这不明摆着的嘛，"他回答道，"谁都知道勃兰登堡的沙土上，除了松树几乎种不了其他任何东西。"尽管我对此持完全相反的看法，毕竟几百年前这里还主要是山毛榉原始森林，但我的论点在别的方面，即这一切投入从企业经济学角度来看不合算。"啊，合算的。"我马上就得到了激烈的反驳。这位同人解释道，这种种植林每隔几十年就会被全部砍伐，大概 100 年后就能盈利。

我很喜欢我的复利计算 App（应用程序），这种情况下它能派上大用场。森林中的某项投资是否合算，用这个程序就能快速计算出来。"打住，"这时可能有人会叫道，"森林不能计算！"若对象是真正的森林，我也会立刻这样想。但真正的森林不需要人类的帮助就能在任何地方快速自行恢复，且不花费任何成本，甚至生态质量会更好，这点我们之后还会再说。某些情况下，也可以种植一些稀有的本土树木作为补充，这样可以额外提升新森林的生态价值。

以收获木材为主要目的的林木种植则不同，我们得从企业经济学的角度，像对待房地产、有价证券或者黄金投资一样仔细观察其状况，并相应地计算利息。普遍观点认为，活期账户和存折中的钱利息非常低，而其他所有投资形式都能获得可观的盈利，而且这种盈利不是暂时的，例如去除通胀因素，几十年后股票收益率能超过 6%。[72]

相对来说，松树的种植成本较低，但前期清理林地和耕种土壤会产生每公顷 4 000 多欧元的花费。该投资的期限约为 100 年——这是树干长到足够粗壮，能够送到锯木厂进行加工所需的时间。这期间也会在疏伐时收获木材，但此时收获的木材还比较细且质量较差，通常来说这时获得的收益还不够覆盖林场管理和木材收割所产生的成本。

那我们就算算 4 000 欧元成本能有多少利息收益吧，利率按 6%，投资期限按 100 年。可能你已经想到了：这么长的期限会得出一个巨大的数目。计算得出的总收益是 130 多万欧元。一片人工林，一片生态荒漠，要想胜过森林的自然恢复，就要从木材销售中获得收益，否则把钱投入股市或者采用其他投资方式会更好。然而，松树种植林在 100 年后利润仅为 12 000 欧元[73]，明显低于其他的投资方式。

我们还可以对林业经营当中其他所有支出做出类似的计算，结果显而易见：违背自然进行经济活动，是不可能获得合理收益的。简而言之，谁种谁亏损。

企业和个人出于善意在公共森林进行的植树活动还有另一个不好的结果，其所种的树木最终都进入了林业管理部门，即监管机构的账户。这些机构曾在过去几十年通过大规模种植云杉和松树造成了巨大的生态灾难。它们的经营活动非常成功，以至于目前德国超过一半的森林都是由非本土的针叶树种构成的。

这从来不是一件明智的事情，因为在2018—2020年的几次夏季干旱发生之前，从林业经济角度来看，最重要的树种——云杉中有超过一半的树木沦为小蠹虫和风暴的受害者。这几乎等同于一种有规划的经济灾难，一场事先可预见的灾祸，且之后还要用纳税人的钱去补救。因为在几年后，不仅私人森林所有者有重新植树造林的法定义务，公共林业管理部门当然也有义务。也就是说，在那些人们出于善意在空闲时间种植的，或慷慨的连锁建筑品牌出资让人种植的森林区域中，之后总会增加新的树木——这点我们的监管机构，也就是国家林业管理部门早已经计划好了。

这些志愿活动对森林所有者来说帮助不大，他们有时甚至连成本都不用分担，因为私人和地方公共森林在灾后重建或林场改造时所进行的种植活动能获得大量的资金补贴支持。归根结底，这些志愿活动不过是一场大型公关活动，只是让志愿提供帮助的人们误以为他们做了好事。最终受损的还是大自然，自然森林不得不再次让位给人为的种植林。

少数情况下，重新种植森林的行为看起来很有意义，特别是在那些周围很大范围内没有老树可以种的地方，如开阔的农田地带。这里的森林需要非常久的时间来恢复，这当然没问题——毕竟这是自然进程，进展经常是缓慢的。自然有大把时间，但人类没有。倘若我们不仅将森林重建视为大自然的回归，也将其看作对抗气候变化的措施，那人类就得加快速度了。在许多情况下，植树造林是能够成功的，尤其当人们只使用山毛榉、栎树或者桦树等本土树种时。

不过这些树木在种植之初就会碰到大量问题。首要问题就在于树根，一株 40 厘米高的山毛榉在自然条件下能展开超过 1 平方米的根系。这样的根系在挖掘和种植过程中不可能不受损伤，此外光树根上附着的泥土就已经很重了，因此需要用挖掘机来运输树苗，然后将其种入土中。这样的话，没人想承担种植一株树苗所产生的费用，种树要求的是便宜且易于操作。与农业种植类似，种树的成本能够螺旋式降低，最终一棵小山毛榉或栎树的成本不应超过 2.5 欧元——包括种植！

用尽可能少的钱种尽可能大的树，还要种得又快又便宜，这些要求就导致了几个结果。

树木根系要尽可能小，这样就能放进一个（快速挖掘的）

小种植坑里。因此树根在育苗圃中就会被修剪，然后在林中种植时常会再次被剪短。好痛！毕竟根尖是树木最敏感的器官之一，科学家在这里发现了类似人类大脑的结构以及相似的脑活动过程。树木通过这一部位决定要吸收多少水分，要给哪棵相邻的树木通过地下网络供应营养液，或者要与什么样的真菌结合。

树根被截断后，这一敏感的器官将再也无法恢复到此前的状态。树木不再将根须伸入土壤深处，也几乎不会再相互联系。通过树根进行的沟通几乎难以为继，这让新种植的树林对潜在的昆虫或来袭的食草动物更加没有抵抗力。通常情况下，最早受到侵袭的树木会通过化学信号呼救并提醒同类，让它们提前积累毒素做好准备。而现在这片新种植的森林似乎变哑了，失去了指示危险的能力。

截断树根的另一个后果就是，过浅的根系无法完全固定树木。这样的树根让本土阔叶树无法够到深层土壤中对于生存至关重要的冬季水分储藏。2019年和2020年新种植的两片森林为我们展示了这一错误的后果有多严重，其中许多树木在种植的第一年就干死了。相反，周边自然生长的其他同龄野生树木即使在炎炎夏日也仍然清新翠绿。这些野生树苗还有另一个优势，它们来自周边地区，熟悉当地气候，已经适应了残酷的现实。而遗憾的是，它们来自育苗圃的同类则非常脆弱。这些同类没有经历过干旱夏季的考验，因为苗圃中的苗床一直有人浇水，树木在这种地方又怎能学会节约水资源呢？

此外，苗圃中还有植物兴奋剂——肥料。丰富的营养物质、连状态最好的森林都无法随时提供的土壤湿度——生命中一开始的1~3年简直像做梦一样美好。但当这些幼小的栎树或山毛榉被突然种到云杉林的砍伐空地上时，梦醒了。它们被匆忙地连根放入种植坑中压紧踩实，从梦中醒来后就面临着痛苦的打击。种植过程中，树根在土壤中被扭曲压伤，因此吸水能力大大下降——如果土壤在重型机械行驶碾压后还能存住水分的话。

还有一个严重的不利之处是，这些小树苗在苗圃中所学的知识太少。它们缺乏自身应该掌握的技能，尤其缺少正常情况下本应由父母传授给它们的知识。亲代树木通过表观遗传物质将毕生累积的经验传递给后代，这种遗传物质是甲基分子，它们像书签一样附着在基因的指定位置上，在种子形成的过程中被传递给下一代。因此幼苗马上就能"知道"要如何应对当前的土壤、雨量或者最新的夏季气温等环境条件。

但实际上，这种传承只发生于亲代树木所处的几平方米范围内。你可以回忆一下我的故乡韦尔斯霍芬的山毛榉，南坡上树木的反应与北坡完全不同。相应地，树木后代"手中"——树根处掌握的行为规则也完全不同。

在新环境中，树苗在育苗圃中所掌握的知识其实用处很少。

它们的父母，那些生长在少数官方认可的可收割木材的森林中完美无缺的个体，其实是根据它们在锯木加工厂中的潜在用途被挑选出来的。这些亲代所在的可收割木材的森林可能在黑森林，但后代却被种到了艾费尔山区。

在应对新挑战时，自然生长的森林还有一个别的优势：每棵山毛榉平均一生可以产生近200万颗种子，每颗种子性状都不一样。单从统计结果来看，只有一株幼苗能够取代母树位置长成成年大树，而它自然也是当地最能够适应周围环境的那一棵。

但种植行为则完全不同，正如前文提过的在耕地上植树造林。如果要快速进行的话，我们要如何将耕地这种生态荒漠以最合理的方式变回森林呢？非常简单——以快进的方式模仿自然森林恢复的进程。为此先要在耕地上种植桦树或者欧洲山杨树，这些树中的先锋无疑是最早落户的那批。倘若周边较大范围内没有自然母树，那可以按每公顷500株树苗进行种植，以提供帮助。它们以每年1米的速度长高，能快速长成小型森林，提供阴凉和湿润的土壤。

这种保姆式的气候环境也适合山毛榉，因此可以几年后将其种植在树下。更好的方式是在木桩上安装种子箱，其中放满山毛榉果实或者橡子，附近的松鸦或者乌鸦等鸟类随后会将这些果实作为越冬口粮藏起来。鸟类为了保险起见喜欢额外储存食物，它们会储藏多达 10 000 颗这种果实，尽管它们几乎连 2 000 颗都吃不掉。剩下的大量果实会在春天发芽，由此就可以低成本地得到大量树木后代。这种方式的成本才几欧元，且树苗根系不受损害，几乎能像在天然森林中一样成长。之所以说"几乎"，是因为它们没有母树，不同种的桦树只能给它们提供阴影和湿度，而无法替代母树给它们传递养分和信息。

越是顺应自然进行工作，成果就越不起眼。倘若自己的成就只是通过等待和放手得到的，那还怎么拍着胸脯炫耀呢？媒体照片里的人，如果只是手插口袋旁观自然，一副无事可做的样子，那这照片也不会特别引人注意。只有通过行动才能展示行动力，政治上的行动力则要通过提供资金来体现。然而，花费大量资金培育种植林不仅对树木有影响，对动物界也有影响。森林动物越来越多地因为它们对林业经济的影响而受到关注，甚至被枪口瞄准。

狍子——森林里的新蛀虫？

种植林的更新伴随着隆隆响声，在新种植的林木上方，枪声此起彼伏。射击的目标是大型哺乳动物，主要是鹿和狍子。它们是为新种植的森林选出来的敌人，紧接着取代了小蠹虫这个曾经的森林恶人，这些昆虫留下了一片片即将死亡的云杉林。而这些云杉林被新种植的苗圃产品替代后，现在又面临着被野生动物一张张饥饿的巨口啃光的风险。你可能已经想到了，这又是个寻找替罪羊，让人转移注意的故事。政治家与一些环保协会携手，要求大幅增加对野生动物的射猎并放宽现有的狩猎规定。这有一定的道理，啃食新种植阔叶树的嫩叶可能会导致许多地方的生态森林再造计划失败。不过失败的原因真的在于狍子和鹿吗？

自然条件下，只有少数食草动物能在森林中生存。山毛榉和栎树浓密的树冠遮天蔽日，下方几乎无法长草，食草动物在这里只能挨饿。因此，鹿更喜欢迁往河流低洼处的河岸森林，那里至少有春季冰雪融化时的浮冰能阻碍树木的生长，会形成大片没有树木的土地。伴随着每年第一场湍急的洪水奔涌而来的厚重冰块会将小型树木无情地刮走，大一些的树木也会损伤严重。在易北河岸边，一些粗壮的栎树身上仍然能见到伤疤，它们都形成于 20 世纪中期。洪水退去后，河岸沙滩和河谷低地会迅速长满各种草类，是野牛、野鹿和野马觅食的绝佳场所。若夏天太过炎热，蚊虫过分猖獗，这些动物就会逆流而上向山地迁徙，进入林地边缘地带。在凉爽舒适的上游，稀疏的树木下野草更为茂盛。

狍子则不同，它们有固定的生活区，而非流浪者。它们在森林中寻找小型的受损区域——可能是夏季龙卷风将几十棵老树刮倒，又或一株巨大而年迈的山毛榉由于年老体弱、腐败不堪而倒塌，这时就会在地面上形成一片小型的有光区域。阳光会让腐殖层增温，这就给野草提供了难得的机会，让它们至少能够暂时扎根在此。狍子就依靠这些绿色的区域生存，至少在人类踏足之前都是这样。时至今日，人类一直在改变当地地形，现在森林中到处是有光区域。基本上每次疏伐都相当于一次夏季龙卷风，大量地砍伐树木会使地面获得光照，进而升温，其后果也到处可见。功能基本完好的古老阔叶林的下层区域永远光线昏暗，即使在夏季地面上也大多是褐色落叶，而在疏伐过的种植林中，树下土地则满眼绿色。黑莓和覆盆子，野草和榛子灌木丛，各种植物在这里蓬勃生长，这在原始森林中是绝不可能发生的。

这些地面植物对狍子和鹿来说都是求之不得的美食。它们将这些从前罕见的美食狼吞虎咽地塞满瘤胃——由于现代林业经济的发展，这些美食现在也沦为平淡无味的日常食物。尤其是黑莓等常绿灌木，对这些食草动物数量的增长起着重要作用。通常在 2 月和 3 月，森林能提供的食物非常少，许多动物会饿死。听起来很残忍，但这是一种自然的调节机制，能让动物数量再次与食物供给保持一致。这一调节机制是变化的。当秋天山毛榉和栎树都硕果累累时，许多动物在冬天就有保障了。这些富含油质和淀粉的种子能为动物提供足够的热量，让它们平安活到下个春天。在山毛榉果实和橡果歉收的年份，动物则要忍饥挨饿。不过由于现代林业的发展以及猎人在冬季森林投喂的饲料，如今已经几乎不存在这种艰难时刻了。现在，许多森林区域被黑莓灌木丛大面积地覆盖，这些灌木丛能随时为动物提供青翠的叶子作为零食，甚至在白雪皑皑时依然如此。当前，大量的野生动物让即将崩溃的针叶种植林的处境雪上加霜。

大部分林业经营者会将死亡的森林砍伐一空，导致地面在阳光照耀下大幅升温。这为真菌和细菌的生存提供了便利条件，它们大量繁殖，迅速将树枝、针叶和腐殖土分解殆尽，短短几年内就释放了大量氮元素和其他营养物质，使野草和灌木呈爆发式增长。得到如此滋养后，植物也变得营养丰富，对狍子和鹿产生了巨大的吸引力。丰富的食物供给有助于动物繁衍后代，其种群数量随即大幅增长。

种植苗圃中培育的树苗甚至加剧了这种情形。因为人工施肥和浇水，小山毛榉和栎树在苗圃中都被宠坏了。现在它们带着饱满多汁的嫩叶被移植到光秃秃的林地上，为了方便操作，这些林地通常都被清理得干干净净。好极了——这让狍子和鹿能够尽情地四处奔跑，方便它们将一排排种得整整齐齐的美食一点点啃食干净。

我在林务员生涯中已多次观察过这种动物种群数量与森林空地之间的动态关系，当时的空地主要是因剧烈的风暴产生的。不论是1990年的强低压风暴"维维安"和"维布克"，还是1999年的"洛塔尔"，抑或是2007年的"基里尔"，这些飓风每次都会在森林中造成巨大的空地。在随后的几年内，这些空地会快速被绿色植物覆盖。但出人意料的是，头几年狍子和鹿对新种植的树苗的啃食还不太严重。这也不奇怪，因为其他食物的供应也在大量增加。对野生动物来说，倾倒的林地意味着牧草区域大幅扩张。动物数量增长到会对局面产生影响还需要一定时间，而丰富的食物来源减少了年幼的阔叶树被发现和被啃食的风险，因此这段时间内树苗犹如置身天堂。

经过几年时间的延缓后，情况发生了转变。林地中许多年幼的树苗长高了，它们驱散了地面上的植被。这些树苗大部分是针叶树。这也不意外，毕竟此前的森林几乎都是云杉林和松树林，地面上大量散落着它们的种子，在上一代树木遭受小蠹虫啃食而死亡后，这些种子发芽了，现在再次成为未来森林中的大多数。不过对狍子和鹿来说，这些树种富含松脂和挥发油，因此并不可口。随着新树林的成长，森林空地不断缩小，动物的食物来源也不断减少，现在数量剧增的野生动物即将面临饥荒。它们会啃食任何可以够到的植物，找出所有种植的阔叶树并将其啃光。

因此，大量射杀狍子和鹿来保护这些新种植的森林，现在不就顺理成章了吗？

在我看来，关于这方面的公开讨论还忽略了一点，即前面提到的通过在半自然的森林砍伐树木来增加光照。早在10年前就有大学生在我的林区开展了相关研究，他们发现在山毛榉保护区，尤其是有许多老树的森林，几乎不会碰到野生动物啃食的问题。在山毛榉和栎树制造的昏暗环境下，它们的后代生长极度缓慢，这实际上也带来了很大危险：到顶端的嫩枝长到超出狍子嘴能够到的区域，要经历长达100年的时间。不过由于缺乏光照，山毛榉幼苗的树叶又韧又苦，味道很不好。狍子和鹿会避开这些它们不感兴趣的区域，因此大部分山毛榉幼树都能存活下来。

一射之地外，在一片因风暴而形成的森林空地上，啃食年幼阔叶树苗的现象要更为严重。这里似乎变成了一个野生动物餐厅，许多狍子天天溜达到这里来填饱肚子。因此这种所谓的咬坏，即对林业经济有害的树苗被啃食的问题，原因其实在林业经济本身，但受过的却是野生动物——它们成了气候变化之外的又一外部原因。

我曾亲身宣传让大家更多地狩猎狍子、鹿和野猪。是不是很意外？现在我已许多年没有再狩猎了，主要是因为最新的研究结果和我自身的观察。

当时，我对森林感到担忧，希望换掉我林区的云杉种植林，改种半天然的阔叶林。但这样的话，我必须先让阔叶树幼苗长得高大起来，这一行为十分冒险，最终树苗总是被食草动物吃进胃里。经过艰难的谈判后，在我管理的森林内，狩猎数量增加到了每平方千米 20 只狍子，并坚持了许多年。这是德国平均数量的两倍多，至少大部分小山毛榉树可以免于啃食而正常生长了。但之后，这些大学生的调查结果就出来了，也厘清了我对这场啃食灾难的责任。我作为林务员的疏伐工作也加速了野生动物数量的增加。我沉思了数月，试图寻找其他办法让森林树木和野生动物之间再次达到平衡。

在此过程中我进行了以下计算：假如在我林区的狩猎范围

内，每年每平方千米射杀超过 20 只狍子，那么至少要有 40 只狍子长期存在，而且其中一半是雌性。只有这样才能让每年春天有至少 20 只幼崽出生，从而让常年射杀 20 只动物成为可能。倘若种群基数变小，那么这一射杀数量会让动物种群很快崩溃。不过事实明显并非这样。

我的故乡艾费尔山区的情况恰好可以被视为狍子和鹿的生活空间质量的平均水平，因此我的林区可以提供一种典型示例。若全德国每平方千米林区有约 40 只狍子，但其后代中只有约 10 只被射杀，那么剩下的 10 只幼崽会怎样呢？倘若猎人真的这样调节野生动物数量，那么在长期按最低猎杀数量狩猎后，动物数量应该会持续上升。但实际上并非如此，你可以在林中散步时亲身验证这点。

我们已经在新冠肺炎疫情中痛苦地见识过什么叫指数级增长。这样毫无限制的增长终有一天会导致狍子的生活空间拥挤不堪。但在户外时，你只有在非常幸运的情况下才能看到一只大型野生动物。这就又回到那个问题：每平方千米林区中没有被射杀的 10 只狍子幼崽怎样了呢？答案很简单：它们死掉了，正如数百万年来发生的那样，自然死亡。饥饿、疾病以及捕食者都能终结它们的生命。捕食者通常是野猪，偶尔也包括狼，它们会猎杀大量狍子幼崽。野猪会在春天用它们灵敏的鼻子在草地中仔细搜寻，然后找出蜷缩在草丛中的小狍子并将它们吃掉。

　　奇怪的是，大众也认为有必要通过猎杀来控制狍子、鹿和野猪的数量。为何人们单单认为这三种动物不能自行调节数量呢？也没见有人呼吁要控制乌鸦、蚯蚓或松鼠的种群数量。唯一的原因在于，数百年来，这几种动物恰好都是人类狩猎取乐的对象。

　　尽管如此，几十年来人们试图通过不断增加猎杀数量来解决所谓的咬坏问题，即食草动物啃食树木幼苗造成的损失。你可以做一下对比：20 世纪 70 年代时，每年猎杀的狍子数量还在 60 万只，而现在已经超过了 100 万只。在相同时间段内，针对吃光山毛榉果实与农作物而给森林和农业造成损失的野猪的射杀量则增加了 10 倍。[74] 尽管如此，野兽对人工种植的阔叶林造成损害的问题至今仍未解决。

　　还有一个原因可以解释为何射杀数量增加了，损害却未变少：这些动物恰好被驱赶到了人类不希望它们出现的地方。一个典型的例子就是，猎人在林间小道的高处设置了观测点，以便能拥有空旷的射击场所。一方面，他们需要这一观测点来清楚地观察什么动物从森林中过来了；另一方面，树枝会使射出的子弹发生严重偏转，从而无法命中目标，而在这种小道上没有树木，只有野草这种最佳的野生动物饲料，狍子和鹿都想过来吃草。它们自然也知道这里可能有猎人在暗中潜伏，有经验的雌鹿甚至会先观察观测点上有没有人拿着枪埋伏袭击，然后才敢走出来。当它们有所怀疑时，便会在茂密的林区等到黄昏，待人类这一"猛兽"什么都看不见了再出来。

这条小道意味着死亡，同时也意味着希望。食草动物几乎随时都要进食，所以白天会在森林中绝望地寻找一切可以充饥的食物。这时它们就不吃野草了，而是啃食小树苗的枝叶，鹿甚至还会将树干上的树皮啃下来。

狩猎越频繁，这些动物白天就越不敢走到小道和草地上来，因此它们造成的损失就越大。猎人为了引诱猎物而投喂饲料，还会加剧这一情形。数十年的大规模努力都徒劳无功，但官方策略仍然是要射杀更多动物！这又让我想到了那个对"愚蠢"的定义：总是重复同样的行为，却仍期待不同的结果。

简而言之，正是林业经济和投喂饲料的行为将野生动物的数量推向高位。能调节狍子和鹿这些动物数量的是食物状况，而非狩猎。

因此，自然永远可以进行自我调节这一事实，又为我们提出了一个问题：狩猎难道不是多余的吗？我知道，看到这句话，就连许多生态林务员都会震惊地失声大叫，因为在他们的世界观中，一个由本土树种构成的多元森林只能通过大量射杀野生动物来实现。连大型生态保护协会也被卷入这个问题中，这些组织同样鼓吹加强狩猎。然而，增加射杀数量后，野生动物仍然对森林造成大量损害的事实已经证明了这一策略的失败，我们终归应该勇于尝试一些新的办法。

我也不清楚放弃狩猎是否真的能够带来一些改善，但我们至少应该试一试。我们可以尝试将一个，最好是两个相邻的行政区划为禁猎区。我认为这一规模是必须的，如果保护区太小，将会产生救援孤岛效应。野生动物会为了躲避捕猎而逃到这一区域，它们聚集在一起会造成更严重的损害。当范围足够大时则相反。如果这一设想可行的话，就会达到自然平衡。

这样做同时也排除了动物数量增长的第二大影响因素，即投喂饲料。为了将狍子、鹿和野猪吸引到自己的狩猎区中，猎人会将成吨饲料运到森林中。许多猎人否认这点，并指出投喂饲料早就已经被禁止了。但只要看看关于冬季降雪（在这种情形下允许投喂饲料）时的规定，就知道猎人的话并不全对。而且如今这一行为有了一个新名字，即投放诱饵，就是以射杀动物为目的而进行的诱惑性喂食。

现在的野生动物太害怕人类了，导致我们经常只能通过这种把戏才能将它们猎杀。但我们投放的饲料实在太多了，新增的大量野生动物后代，如野猪等已经让猎人力有不逮。倘若废除狩猎，那么投喂饲料这种行为也会变得多余。

不可否认，野生动物给森林造成了损害，鹿啃食树干上的树皮还会给成年树木造成损害。这些损害使得树木生长变缓，木材质量也明显下降。而这非常关键：他们关注的是这些大型食草动物造成的经济损失，而非自然的损失。但他们更乐意宣告自然遭受的损失，以便提高公众对捕猎行为的接受度。在我们都在为反对猎杀大型海洋哺乳动物而游行抗议的时候，这些美丽的大型动物所遭受的数百万次猎杀是否合理这一议题却在公共讨论中毫无一席之地。

林业经济的相关人士应该在所有尚存的森林中制止狩猎行为，这已经成为而今的当务之急。毕竟山毛榉、栎树以及其他树种已经经过数百万年的学习，知道要如何让这些贪婪的野兽远离自己。由于人们对木材的需求越来越大以及向种植林的转变，树木对虫害、风暴和干旱的抵抗力受到了极大限制。人们始终没有认清一点：倘若子弹不起作用，那也许需要一个古老的森林守护者——狼——登场。

守护气候的狼

说实在的，在物种保护方面，狼已占据了偶像地位，现在再将其塑造成一个应对气候变化的英雄，听起来似乎有点不太恰当。坦率地说，我将狼视为自然的重要组成部分，而且对狼成功回到曾经的故乡定居感到由衷高兴。这些灰色的猎手并不是被放归自然的，而是自 1990 年受到保护后，自行迁回曾经的故乡的。政府和民众的功劳更多在于被动地顺应自然，即允许它们回归。在我的故乡艾费尔山区，最后一批狼在 19 世纪末被猎杀，此后这一捕食者就在整个德国范围内消失了。它们从 2000 年开始重新定居在此，当时萨克森的一对狼夫妻孕育了当地 100 多年来的首只狼族幼崽。从那里开始，这个种群开始不断向西扩散，而与此同时，南欧的狼群也开始缓缓回到德国南部定居。虽然到现在为止，人迹罕至的艾费尔山区仍然几乎看不到狼的身影，但中期成果还是很明显的：截至 2020 年底，德国有 128 个狼群、35 对狼夫妻和 10 只孤狼；在 2020 年春天，173 个领地中共有 431 只狼崽出生。[75]

狼主要以肉为食，吃狍子、鹿、野猪或者家畜。狼对家畜的猎食总是会成为新闻头条，它们也因此变得声名狼藉——但这是不公平的。位于格尔利茨的森根堡研究所对此进行了研究，研究结果表明狼的猎物中仅有不到 1% 的部分属于家畜。[76] 这里我不想再引用与养羊的农场主或其他家畜饲养者的辩论，我在之前的书中已经介绍过这些内容了。我们要更多关注的是，科学家认为狼可以帮助我们应对气候变化的理由是什么。

首先可以想到的答案很简单，狼会吃其他动物，而且主要是大型食草动物。其猎物中占比超过 75% 的狍子和鹿都是纯素食动物，这些素食动物会消化摄入的植物，换言之，它们的身体将大部分嚼碎的绿色植物重新分解转化为二氧化碳和水。因此大型食草动物出没的地方，活着或者死亡的植被中富集的碳元素要更少。

狼是否真的能够对狍子和鹿的种群数量产生重大影响，这点仍然存疑。通过简单的计算我们就能知道，如果要产生重大影响，它们得吃掉超出它们身体能够承受的猎物数量才行。狼的领地平均面积在 100~350 平方千米之间，具体大小由猎物数量多少决定。[77] 我们按最小值，即 100 平方千米进行计算。在森林茂密的区域内，每平方千米林地根据生存空间质量不同，可能活跃着 20~70 只大型哺乳动物（狍子、鹿和野猪），那么在狼的整个领地内就有 2 000~7 000 只。保守估计，这些潜在的猎物每年能繁殖 2 000~3 000 只后代。即使从这么保守的计算也能很快发现，要减少猎物种群数量，狼群要每天捕食很多只大型猎物才行——但狼可不是大胃王。研究数据也验证了这点：根据在波兰比亚沃韦扎原始森林的研究结果，春天，被捕食的动物在各自种群中的数量占比分别为鹿群 12%、野猪群 6%，而狍子仅 3%。[78] 与之相比，狍子的繁殖率约为 50%。

尽管如此，狼还是对这些动物的种群数量产生了明显影响，这是怎么一回事呢？

我们可以从另一个角度来探讨这个问题，即对不同条件下各个大陆的植物生物量进行调查。拉德堡德大学的塞尔温·胡克斯领导的团队对此做了研究，他们在电脑模型上进行了模拟，研究体重超过 21 千克的大型捕食者消失时，当地环境会如何变化。研究结果为，食草动物的数量会上升，而植物的生物量会明显下降。从专业角度并结合温室气体排放来看，这意味着没有大型捕食动物的话，生态系统储存温室气体的能力会明显下降。

在德国，狼虽然是大家熟悉的例子，但远不是唯一的大型捕食动物，真要算的话，猞猁和棕熊也是与狼并驾齐驱的捕食者。德国也有一些地区，比如巴伐利亚林山和哈尔茨山区，那里有长着刷子一样毛茸茸耳朵的大型猫科动物——猞猁出没，但总的来说，这些还是少数，因此猞猁对野生动物种群的数量基本没有影响，更不用说在德国根本不存在的棕熊。而且即使是狼也并没有覆盖所有适合它们生存的区域。要想知道大型捕食动物是否有一天能够大规模对野生动物种群控制起作用，可以先在电脑上用模型模拟出来。而研究人员的发现恰能证实这一点！

根据他们的研究，清除大型捕食动物会显著改变当地的生态系统。一是暴发疾病的概率增加，狍子、鹿和其他大型哺乳动物的数量减少。物种之间的接触越频繁，病原体的传播就越迅速：我们自身也通过新型冠状病毒痛苦经历过了。不仅动物数量会减少，植物的数量也会减少。同时在气候变化的当下，已经受到影响的生态系统稳定性还会因为大型捕食动物的缺失而陷入混乱。

二是小型捕食动物（如郊狼或者狐狸）的数量会增加。这也不奇怪，毕竟它们通常也是狼等大型动物的猎物。没有狼，熊等大型杂食动物的状况也会变糟，它们的数量会随着狼的数量平行下降。根据研究者的观点，其原因可能在于数量不断增多的小型食肉动物同它们争夺动物性猎物（如腐肉），而同时数量剧增的大型食草动物减少了熊的植物类食物来源。这一影响在季节波动较大的区域（如中欧）没有那么明显。因为这里的冬季是一个限制性因素，这时几乎没有什么可供食用的植被，因此食草动物的数量不会超过某个特定范围。[79]

而这时林业经济再度上场：种植林被大量砍伐后，能够提供黑莓等诱人的冬季食物，这时，野生动物数量会明显超出自然范围。这种情况下，即使狼群重新回归，也无法重建自然平衡。反过来结果也会很明显：减少树木砍伐、扩大森林面积以及停止在冬季投喂食物，这些措施只有在大型捕食动物的共同作用下才能取得最佳效果。倘若有一天，这些改变真的能够在没有任何阻碍的情况下实现，那么狩猎不仅会变得多余，而且实际上将不再成为可能。到那时，野生动物在自然林中的密度仅为如今人工林中的1/10，而且它们的能见度的下降要比密度的下降更甚，在这种情况下，猎人根本无法开枪狩猎。

我们可以按自己的意愿扭转和改变这一切，但结果是一致的：我们必须降低对自然的利用强度，更多地让森林自己做主，不论是林业经济活动还是狩猎活动都必须减少。

然而，当前气候保护方面流行的政治解决方案却是：使用更多的木材！

木材——真的完全环保吗？

木材长久以来一直被视为一种环保的原材料。若人们砍伐一棵树并将其投入火炉中，将会释放二氧化碳。但可持续的林业经济活动会在原处再种一棵新的树木，这棵树会越长越大，同时将上一棵树燃烧时释放的温室气体吸收回来——这就是一个典型的循环。正如国家林业管理部门等不遗余力地宣传的那样，木材是一种近乎气候中性的燃料。[80] 此外，公共森林使用者还有一个理由：反正树木总有一天会自行死亡，然后在森林中毫无用途地腐烂。他们认为，腐烂就意味着让那些微生物将树木躯体吃光，同时将树木这一巨人一生中储存的二氧化碳通过呼吸作用释放出来。不论人们将木材烧掉，还是将其留给这些小东西，对于气候来说没什么两样。因此人们可以在树长得足够粗时将其砍伐，然后相应地补种上树苗，这样就形成了一个成长和消亡的循环，同时人类还得到了一种气候中性的原材料。所以实际上，人们只是取用了本来就多余的那部分东西。

可惜这种算法是完全错误的。诚然，树木在燃烧时释放的二氧化碳不会多于其生长过程中吸收的二氧化碳，这听起来十分合理。然而，若人类不砍伐树木，这些二氧化碳将以碳元素的形式储存在树木中。此外，树木还会继续生长，它们原本可以储存更多的碳元素，而且储存速度会越来越快。尤其是年纪较大的树木，它们能储存更多温室气体，你只要看一眼树干上的年轮就能知晓这点。每年树皮和树干之间都会长出一圈新的年轮，让树干更加粗壮。每一圈年轮之间的宽度几乎不会随着年龄增长而减少，年轮的直径则会不断增加。直径增长会使树干体积呈指数级增长，相应地，碳元素的存储量也会指数级增加。这种持续加快的增长要在远超树木通常的收获年龄（在80~150岁之间）之后才会放缓。慕尼黑工业大学的汉斯·普雷奇研究发现，要在超过450岁的高龄之后，栎树和山毛榉储存二氧化碳的速度才会有所放缓。[81]

此外，一棵大树在其高达50米的树干中以木材形式所能存储的碳元素数量，是同一片区域内其他细小树木完全不能比拟的。然而，不论是在加拿大还是在欧洲，森林中已经几乎没有大树了。由于持续的砍伐和重新种植，德国树木的平均年龄只有77岁。[82]而我们本土的树种完全可以长到500岁，甚至更老。简而言之，树木活到林业经济所宣称的达到成长和消亡的自然循环之时，树木便会被抹掉将近400年的时光，一段森林原本可以继续储存温室气体的时光。每一棵在此之前被砍伐的树木都被迫中断了这一存储过程，而且后果不仅如此。正如我们在皮埃尔·伊比施的研究中已经了解到的那样，受到砍伐破坏的森林其降温能力和制造降水的能力都将不及从前。此外人工林中的树木寿命也比较短。它们只有在幼年时期（而我们已经知道，这一幼年时期可以长达百年）于母树的阴影下缓慢成长之后，才可能活400~600年。但随着母树遭到砍伐，阴影已经被夺走了。在阳光的直射下，幼树会快速生长，并迅速耗光一生的养分。因此即使种植林中的老树能有幸不被收割，也至多只能活到200~250岁。

山毛榉最多可以活多少年？一群意大利科学家在波利诺国家公园对此展开了研究。在意大利南部（地图上"靴子"尖上面一点的地方），这个国家公园拥有近2 000平方千米的面积，是欧洲最大的自然保护区之一。这里主要生长着山毛榉原始森林，且拥有这一树种最古老的个体。根据年轮读数，研究人员找到了那株名叫米凯莱的山毛榉，它的年纪最大，达到622岁。但由于树干内部已经腐烂，最古老的那些年轮中有些部分已经缺失了。加上缺失的这部分，研究团队估计米凯莱的年龄在725岁。[83] 这让我感到十分惊讶，我之前所见过的最老的山毛榉，也不超过300岁。

如今的波利诺国家公园的环境极度贫瘠，在这种情况下，树木如苦行僧一般生长得十分缓慢——这或许能够解释为何这里的树木如此长寿。我在其他一些生长条件更好的原始森林也有过类似的发现。在罗马尼亚的喀尔巴阡山脉，通过当地环保人士的介绍，我了解到在一片无人踏足的山谷中可以找到550岁的山毛榉，而且它们仍然枝繁叶茂。如果山毛榉能在中欧的野外不受打扰地生活，那也能活到超过300岁。每当我想到像德国这样的国家曾经是山毛榉原始森林全球分布的中心，但如今在森林中却找不到一棵真正的老树，我就备感痛心。

说回固碳。若我们知道，老树可以持续数百年地固碳，而且在450岁高龄之前速度甚至会一直加快，那让树木变老就成了我们的行动纲领。从这一角度来看，我们显然不能任由林业经济削弱这一事业。而不靠林业，木材要从哪里来呢？关于这个问题，我们将在下一章说明。

这些木材供应商还试图找到另一个理由说明为何木材可以为气候保护做贡献，那就是木制品的使用寿命非常长。人们可以将二氧化碳以木屋或者木家具的形式储存起来，同时还能在森林里种植新的树木，这些树也能储存二氧化碳。总的来看，这样就能比天然未利用的森林多储存好几倍的温室气体。因为天然森林中死去的树木会腐烂，其储存的二氧化碳会被重新释放到环境中——这个理论想必你已经不陌生了。由于每棵树木最终都无法逃脱这一命运，那天然森林就陷入了对改善气候几乎毫无价值的循环中。根据这种理论，我们将不得不尽可能地开发利用所有森林。

木材确实是一种很棒的原材料，我也很喜欢用它们做东西。我的书桌就是用一株死掉的老榆树制作的，上面有些地方还能找到甲虫蛀的眼，正是这些甲虫导致了老树的死亡。木匠刷了桌面，让我能够感受到年轮。当我阅读新文章陷入沉思时，我也会时不时摸一摸它的年轮。这种触碰会将人与自然联系起来，让我心生喜悦，年轮基本上就像是树木的骨架。我使用木桌并不是为了改善气候，而是为了满足自己。没有一种原材料获取的形式——这点必须明确楚——是对自然完全有益的，每种利用形式或多或少都有有害的方面。你可以想象一下，面包师在卖面包给你的时候提醒你说，食用这种烘焙产品就是在保护气候。这听起来会有点奇怪，不是吗？而林业管理部门在宣传其产品时正是这样做的。这两种做法都不符合事实，而且都是不必要的。如果我们真有需求，那么使用树木就是合理的，只要我们在此期间不严重破坏生态系统就行。然而，我们早已越过这一界限。

还是回到耐用的木制品储存二氧化碳的能力比森林更好这一论点上来。即使所有的木材都能够被加工成这种使用寿命很长的产品，其中储存的二氧化碳最晚也会在几十年之后再回到空气中。而这些产品实际上能保存多久呢？来自汉堡大学的阿尔诺·弗吕瓦尔德教授对此进行了汇总。廉价家具能坚持 10 年，书籍至少 25 年，房屋建筑中的木材（例如屋顶架）是 75 年。所有产品种类平均使用年限为 33 年，而这对于所谓的二氧化碳长期储存来说根本算不上特别长。[84] 在一片未受损害的森林中，树木可以将温室气体储存数百年，况且加工过的木材也无法再给环境降温和制造降雨。

更好（或者其实更糟）的是：大部分木材都不会得到进一步的加工，而是会在锅炉或者发电站中被烧掉。每年被烧掉的树木超过 6 000 万立方米，相当于德国全年砍伐的木材量。[85] 此外还有其他用途也需要相同数量级的木材，例如房屋建筑或造纸，因此为了补充木材的来源，除了将废旧木材循环利用之外，只能依靠进口来补足缺量。而且火上浇油的是：德国已经准备效仿欧洲其他国家，将大型煤炭火力发电站的燃料改为木材。例如威廉港的煤炭火力发电站的运营者就在考虑将燃料换成碎木材压制而成的小颗粒。仅这个发电站每年木材的总消耗量就将近 300 万吨[86]——相当于每年 600 万棵树。

早在 2018 年就有约 800 名科学家告诫欧洲议会不要支持和鼓励发电站燃烧木材，因为这一危害气候的指令将给其他国家造成不好的示范。[87] 连德国联邦内部的屠能森林生态系统研究所——它隶属于保守的食品和农业部（时任部长是尤利娅·克勒克纳）——也得出了相似的结论：保护森林，不再砍伐树木，才是对气候最好的。[88]但毫无用处，各地政府仍然通过各自的林业部门继续推高木材燃烧的浪潮。

林业经济及木材利用还间接造成了森林碳元素储存的减少。当前这一现象尤其容易得到验证：在所有树木被伐光的地方，根据树种不同，每公顷林地上会有多达 50 000 吨二氧化碳从土壤散逸到大气中。目前大规模的伐光林地行为在法律上是禁止的，但由于小蠹虫或风暴的侵袭以及数百万树木的死亡，这种行为仍然大量可见。其原因在于此前为了尽快为工业提供尽可能多的木材，人们种植了生长快速的云杉和松树，形成了脆弱的种植林。这种种植林几乎无法长期储存碳元素。这些碳元素存储器要何时被伐光，现在越来越多地取决于自然灾害，而不是林务员。因此，森林持续固碳与密集的木材使用二者不可兼得。而这还只是一半的真相。

要理解森林的碳循环，我们需要看向土壤。虽然我们对这里发生的事情才刚有了一些初步了解，但在应对气候变化方面，它们正在展现自己独特的活力。土壤是陆地上最大的碳元素存储器，它们储存的碳比所有植被和大气中储存的还要多。[89]

森林土壤有一些特殊条件，它就像一个巨型冰箱。在高大树木的阴影下，土壤在夏天也不是很热，因此其中的生物活动相对缓慢，以至于这里形成了厚厚的腐殖质层，也聚集了越来越多的碳元素。当提供保护的上层树木被砍伐运走后，土壤就会升温。这时细菌和真菌就会变得极为活跃，会和许多土壤动物一起将腐殖质这一"褐色黄金"消灭光。短短数年内，这层宝贵的腐殖质大部分就会消失殆尽，而消失就意味着碳元素以二氧化碳的形式被释放到了大气中。这一由林业经济导致的现象也体现在数据中，在德国被伐光的森林中，平均只有 2%~8% 的土壤含有腐殖质。任何草地都可以轻松赶上这一水平：在腐殖质含量方面，草地通常要落后于森林，而现在草地的这一平均水平达到了 4%~15%。[90]

在土壤固碳方面，大树明显扮演着非常特殊的角色，正如澳大利亚科学家克里斯托弗·迪安的团队所发现的那样。它们能真正掩藏碳元素，而且掩藏得非常好，以至于目前至少有一部分碳被忽略了。如果要研究土壤中的碳元素，通常会研究树木之间的土壤。这不难理解，毕竟树下方土壤的取样需要花费大量精力，而在树之间取样更方便。然而，科学家在桉树原始森林中发现，尤其在超过 1 米粗的老树下方，土壤碳含量约为树木之间土壤碳含量的 4 倍。这一结果表明，将原始森林改为树木更稀疏的种植林，会导致土壤中的碳元素流失远超预想。[91]

这些研究结果是否也适用于其他区域，例如我们本土的山毛榉林呢？我认为可以，因为老树下方的土壤中储存着大量碳元素这点并不稀奇。这里数百年来都被绝对的昏暗笼罩，也没有水土流失或者大型动物翻动土壤。此外，巨大的树木内部会腐烂，因为这些心材已经没有用了。真菌和细菌会从伤口或者枯萎的树枝进入树木内部，并啃食里层的树干部位。这通常不会损伤树木。恰恰相反，这一像烟囱管道一样的空心结构还能让树干支撑整个树冠。树干内部木质中储存的营养物质通过这种自我堆肥的方式被再次释放，而得到的腐殖质中含有大量碳元素，它们像被一个巨大的保险柜锁起来了，远离炎热和水土流失。若要让土壤再次回归最佳状态，使其成为弥补我们气候罪行的新型保险柜，那我们只需要一样东西：古老森林。这你肯定已经知道了……

若要让木材使用达到真正的收支平衡，那除了二氧化碳，我们还要将水循环效应和由此带来的降温效果计算进来。毕竟在气候变化的背景下，我们关注的不是大气中二氧化碳的绝对值，而是由此产生的气温上升和雨量变化。森林对这两者都有显著影响，如果我们将森林中的树木都送进锯木厂，那这马上就会对外部环境造成影响。被伐光的林地温度上升对当地的影响，甚至要超过全球未来几十年内任何可预见的骇人场景。要观察其原因和影响，没有什么地方比森林更好，同时也没有什么地方比森林更适合对事物施加影响。

即使我们继续补种树木，未来森林的降温效果也还是会持续减弱。数吨重的木材收割机将土壤压实，这些怪兽在森林中留下一道道 20 米间距的车辙。在它们宽度为 3~4 米的轮胎的碾压下，土壤中的细孔和大部分生物都会被碾碎。某些区域的土壤甚至会被完全碾压。当前德国森林土壤的受损范围超过了50%，这些损害即使在数千年之后也不会恢复。现在在艾费尔山区的森林中就还能看到罗马时代的车辙，其下方的土壤至今如水泥般坚硬。土壤储水能力严重下降后，冬季降水会随着溪流流入山谷并造成洪水，而不是渗入树木下方的土壤，在夏天供树木使用。因此，森林的降温效果会长期受到影响——山毛榉和栎树会在缺水的时候停止蒸腾。

由此可见，大部分地区在夏季之所以升温，部分是因为远处森林中土壤的储水结构被重型机械摧毁了。这些间接气候影响同样要归咎于对木材的使用。总的来看，不论木制产品有多精美，木材完全是最不环保的原材料之一。

林业部门的看法当然完全不同：森林虽然受损了，但仍然带来了积极的环保效果。他们想将这些成果算在自己头上。因此，他们要求从 2021 年引入的二氧化碳税中拿出 5% 给森林所有者作为补贴，其理由是，毕竟是这些人的森林捕获了温室气体并为气候保护做出了巨大贡献。[92]

年幼的树木也能储存二氧化碳，种植林也能清洁水体，但它们的能力远小于天然的原始森林。透过现象看本质：森林所有者先损害了生态系统储存二氧化碳的能力，然后还想为此获得补贴？实际上这些森林所有者越来越多地剥夺了森林帮助我们抗击气候变化的能力，他们才应该为自己的行为买单。应对气候变化最有前景的工具就是二氧化碳税，不过它的应用方式要与许多林业说客所期待的正好相反。

请买单

和缓的方式总是无法摆脱一种"Flower-Power"[*]的印象——看起来很美好，但不被认真对待。在涉及使用马匹的话题时，我总是会有这种感受。与重型机械不同，冷血马[†]将木材运出森林时几乎不会损害土壤。此外，马匹的成本没有高多少，尤其当人们将那些钢铁怪兽对土壤造成的伤害也计算在内时。尽管如此，使用动物劳动仍然被视为充满幻想的林业浪漫主义，而通过操纵杆和电脑进行控制的收割机则像是森林里的智能手机——前卫而经济。

在二氧化碳储存方面也有类似的趋势：远离自然，转向技术。这一被称为 CCS（Carbon Capture and Storage，碳捕获与封存）的技术会花费巨大的成本捕获和储存温室气体，来给大气减轻负担。埃隆·马斯克在 2021 年 1 月宣布，将为研发最佳

---

[*] "Flower-Power"意为"权力归花儿"，是 20 世纪 60 年代末至 70 年代初美国反正统文化运动的口号，最早源于对越南战争的和平抗议。

[†] 马按照性格和气质可被分为热血马、冷血马与温血马。其中冷血马是个性安静沉稳的重型马，常被用作挽马。

技术者提供 1 亿美元的奖金。[93] 倘若树木可以的话，它们现在就会腼腆地举起手（或树枝）说："我们已经发明出来了，不过是在 3 亿年前。这也能算吗？"

为了比较树木和现代技术的能力，让我们先来看看这一技术。这种技术尚未通过试验阶段，而且听起来有点疯狂：它会先在产生能量的过程中排放二氧化碳，然后用产生的能量重新捕获二氧化碳，以这种高耗能的方式来清除二氧化碳。总的来看，能量消耗提高了约 40%。而这时下一个问题接踵而至：捕获的二氧化碳要怎么办？

大部分解决办法是将二氧化碳储存在地下，例如存在深处的岩石层中。但根据科学估算，只有 65%~80% 的二氧化碳会留在地底，其余部分会再次逸散到地表。在上升的过程中，这一气体会带走含盐的地下水，给土壤造成损害。[94] 此外，地下水和深层土壤都是反应非常敏感的独立生态系统，将大量二氧化碳混入其中，将对这些生命共同体造成无法估量的影响。同时这一技术成本高昂，例如挪威的一个项目计划在两年内将二氧化碳通过管道储存到海平面下方 4 千米处，其成本为每吨 100欧元。

树木则相反，其所作所为对环境没有任何风险，而且还附带其他贡献。与挪威的那个项目相比，山毛榉、栎树和其他树种平均每年每公顷能储存 10 吨二氧化碳。若按挪威那个项目的成本算，则每公顷森林每年可产生 1 000 欧元的收益。与此相对，传统林业经济如今处于亏损状态，年份好的时候收益也几乎不超过每公顷 50 欧元。树木没有依靠复杂且附带风险的技术，而是自愿担任生态助手的——毕竟二氧化碳对它们来说是一种基础食物。

依靠森林来解决问题，听起来可能过于简单或者太过理想化。若我们继续像现在这样加剧气候变化，那总有一天连最顽强的本土阔叶树都会死去，其中储存的温室气体就会重新释放到空气中。倘若这一情形真的出现，而我们真的无法成功应对，那到时候这一问题也就只是众多问题中的一个了——永久冻土的融化以及极地冰盖的融化都会接踵而来。

不，我们不希望真的走到那一步。如果我们现在选择了正确的道路，那树木作为盟友还有另外一个优势：只要我们允许，它们马上可以开始工作。而要如何大面积新建森林，这点我将在"你的盘子里有什么？"这一节为你介绍。

我们要如何在实践中操作呢？一个非常简便、合理而且能快速实现的工具就是二氧化碳税，它是在 2021 年针对化石能源载体征收的一个税种。我的建议是，木材也应该像它们不洁净的化石燃料同类一样根据热值征税。毕竟即使在不计算天然森林的降温效果和对当地降雨量作用的情况下，木材燃烧也比煤炭燃烧对气候损害更大。哪怕将木材分为燃烧木材和家具或者房屋建筑所需的木材，也于事无补。如我们所知，家具和建筑木材在经过或长或短的时间后，最终都会沦为废旧木材被烧掉。

这让计算变得非常简单：1立方米木材对应约1吨二氧化碳，就应该像燃烧煤或者石油产生的1吨二氧化碳那样收税。这会让这种原材料变贵，从而保护它不被当作廉价的环保替代品在发电站中烧掉。

木材只有作为活着的树木存在于生态系统中时，才是真正对大气有价值的。这就引出了第二个建议：不破坏自家森林、放弃收获木材的森林所有者，将获得同等金额的补贴。

设想一下，如果政府批准这一收税模式，那木材经济和森林将会发生什么样的改变？

木材产品的价格不会由此大幅提高，因为大部分成本来自加工而不是原材料本身。此外，这种收税模式还会刺激人们加强对木材的回收——废旧木材此前已经被征税，因此会变得更便宜。而燃烧木材的成本将会明显增加。二氧化碳价格为每吨55欧元时，不同加工程度的木材平均价格会比现在上涨超过50%，相对其他热源来说的优势会慢慢消失。那些现在偶尔点燃壁炉、惬意地享受一杯美酒的人，肯定也能承受缴纳额外的一点钱作为气候税，到时候将取暖设备完全改为用木材做燃料肯定就不划算了。

在城市周边的森林中，情况正好相反。这里，通过增加的生物量能清晰地看到这一税收的效果。死亡的针叶林需要砍伐清理吗？以后，当市场上木材过剩，锯木厂不胜烦恼地拒绝接受木材时，森林所有者们也可以有条退路松口气了。至于林场中剩下的树木，他们也能借其获得每立方米 55 欧元的补贴。长远看，这一税收补贴会朝着每吨二氧化碳 100 欧元的方向发展，例如瑞典现在就已经是这样了，部分德国工业界人士也提出了这样的要求。[95]

针对木材的税收或者对森林所有者的补偿甚至还可能更高，因为储存起来的化石原料不能为降温或者降雨循环做出任何贡献，它们像在保险柜里一样被静静锁在岩石层深处。在关于气候变化后果的公开讨论中，森林主要被视为二氧化碳储存器，而科学界也有越来越多的声音指出，应该将森林对水循环的贡献归入更重要的等级。[96]

那些由于人类开发森林和采集木材而失去生存空间的无数物种，则完全被无视了。这些考量在政治决策中几乎没有任何位置，对此我觉得十分遗憾。

我们将二氧化碳税视为能尽快促成改变的一种工具，可它真的这么容易实施吗？发放二氧化碳补贴会不会造成巨大的管理开支？倘若我们认为它是绝对必要的，那么结果就不一定如此。如果所有的森林所有者都直接按德国每年每公顷的平均值来领取补贴，而不管他们拥有的是阔叶林还是针叶林，是不是可以呢？当然，这对那些森林特别漂亮的所有者肯定有些不公平。不过规则必须简单易懂，否则结果只会处处是漏洞。反过来，一旦森林所有者砍伐树木并清空二氧化碳存储器，那么他就必须缴费。至于缴费是否合理，我们可以完美地通过卫星摄影进行监控。

我相信，二氧化碳税将会给森林带来更多保护。而且这一税种还没有将森林对人类的真正价值考虑在内。关于这一价值的潜在大小，波士顿咨询集团（全球最大的企业咨询公司之一）进行了计算。他们发现山毛榉最大的价值不是提供木材，而是对气候保护的贡献。倘若将全球森林的贡献全部用技术措施替代，那么会给经济增加 150 万亿美元的负担。相较之下，全球所有股份公司的市值也才 87 万亿美元。[97]

以上这些都说明我们应该大幅减少林业经济活动，限制木材消费。不过林业经济的相关人士并没有放弃，尤其是在疫情肆虐的巨大困境下，他们将一个特殊的理由，即厕纸摆到了台面上。

厕纸理论

"那木材要从哪里来呢？"我实在不想再听到这个问题了，每次讨论森林保护时它就会跳出来：若我们未来更加理智，砍伐更少的树木，并且建立更多的保护区，那木材供应就会进一步减少。其后果可能就是木材进口数量继续增加，来源成疑的木材也会相应增加。那样的话，尽可能从堪称经营典范的德国森林获取木材，并减少德国国内保护区的面积可能会更好。但如你所知，德国本土森林在环保方面也存在问题。

对木材的渴求在无限增长，因此需要砍伐更多树木的经济压力也不断增加，在德国尤其如此。这正是政府想要的，而且多年来主要是林业管理部门（它们自己就售卖木材）和联邦食品和农业部联手在背后推波助澜。联邦食品和农业部2012年在一次媒体公告中很自豪地宣布，自1997年以来，人均木材消耗量上涨了20%，达到1.3立方米。[98] 这相当于全国1.08亿立方米，而且根据不同数据来源，实际消耗量要比这一数字大得多，当前已达到1.2亿~1.5亿立方米。这一数据也并不准确，因为还有数百万小型私人林地中的木材砍伐没有被纳入正规统计。

此外经济活动中的物料流通也非常复杂，包括进出口、废旧木材燃烧以及废纸回收等方面。唯一清楚的就是，我们消耗的木材数量几乎是几个夏季干旱发生前本土森林中生长的树木的两倍。现在森林中尚存多少树木，还需要再次进行调查统计，但不论如何，肯定比之前要少得多。这就让我们陷入了困境：在这种情况下，还继续像之前那样砍伐树木，很快就会使许多森林区域全面崩溃。

国家林业管理部门负有保护森林的法定义务，现在却利用自身造成的原材料短缺提出可疑的论据，来阻止设立自然保护区。以下论断是我经常听到的：若要保护我们的古山毛榉林，我们就必须从外国进口木材，例如从热带原始森林进口。那不就相当于用德国的自然保护区阻碍其他国家的自然保护区？不，事实正好相反。正是被视为林业经济模范的德国宣称，通过开发利用可以特别好地保护森林，因此几乎没有哪片森林区域没有被开发利用，其他国家也纷纷效仿，例如罗马尼亚就是这样。如果森林在这些避难所之外能过得更好的话，那还要保护区干吗呢？现在即使是外行也都清楚，砍伐树木并没有让森林过得更好，因此他们就祭出了一张特殊的王牌：厕纸。

自新冠肺炎疫情暴发以来，厕纸就被视为现代文明的阿喀琉斯之踵。这一点至少在 2020 年春天的恐慌性囤货和供应短缺中有所体现。厕纸是由木纤维制成的，其原材料主要来自云杉、松树或者桉树等种植林中的木材，甚至桦树和山毛榉也可以用来制作厕纸。重要的是，它们都要被砍伐和加工。因此有人就宣称森林保护和厕纸是互相排斥的。说到人类最原始的恐惧，厕纸明显要远胜森林。

若让你决定是否要拿原本用来制作建筑材料、家具或书籍（哦，说的就是我）的木材来制作厕纸，你就会察觉，如果我们更加严格地保护森林，我们的文明便会受到威胁。这群公职护林员唤醒了我们最原始的恐惧，因为理智早就告诉我们，事情有些不对劲。要坚持传统，任何手段都不为过。但林业经济完全忽视了一个事实：正是其自身严重限制了木材产业的中长期发展。当所有面临死亡的种植林都被砍伐光，木材在市场上被大量抛售之后，这场令人迷醉的盛会就结束了。被砍伐后的荒芜林地需要至少几十年的时间才能再次收获木材。而由于仅德国就有超过 50% 的林地种植了外来的针叶树种，在未来 5~10 年内可能会有大面积的树木死亡。大量受损木材上市后，紧随而来的就是严重的木材短缺，以及一片哀号战栗。但如果我们现在让森林自然恢复，那之后形成的森林将更加稳定，长远来看这对林业经济也是有益的。

毫无疑问，未来我们也需要木材，这是我们最天然的原材料。只是它早已不像大多数人所认为的那样环保了，而且木材数量也将无法满足当前这个社会对原材料的渴求。在购买家具、纸张和其他木制品时我们要清楚这点，而且要更加节约地利用这种资源。未来应对木材供应问题的方式将与现在完全不同，此前林业经济一直试图让森林适应我们对原材料的渴求。这一方式现在难以为继，我们应该掉转枪头，反过来发问：未来森林可以提供多少木材？在不严重损害这一重要生态系统的功能的前提下，我们能多大程度地对其施加干涉以及取走多少木材？

这一问题的答案非常明确：我们不知道。所有预测模型都是以树木生长的可预测性为基础的。迄今为止，林务员们使用的都是所谓的产量表。科学家对不同树种和不同地点的种植林样本进行了多年观测，然后用测量结果制作表格，供森林所有者分析数据，了解各自的云杉林、松树林或者阔叶林每年每公顷可以生产多少木材。

原本对树木存量进行测量后，这些产量表能够帮助人们对森林进行长达数十年的较为准确的估算。然而，世纪之交时人们发现，木材的实际增长量超过预期，其增长率为10%~30%。增长原因在于交通工具和农业生产中排放的废气，它们将氮化物带到森林，给森林提供了大量肥料。这对森林来说是一种损害，且至今不见好转。快速生长竟然是一种损害？是的，因为树木天生更想要缓慢生长，并在此过程中谨慎分配自己的精力。其能量不仅要供树干、树枝和树叶使用，还要用于抵御疾病或者奖励土壤中帮它们传递消息的真菌。

原本每年每平方千米树木至多可以从空气中过滤 50 千克氮化物，这一较少的数量只能提供一些附带的施肥效果。但由于人类活动，这一数量上升到了 5 000 千克，达到了原来的 100 倍。[99]

氮化物有着如同兴奋剂一般的效果，会导致树木越过其可持续生长的界限。木材砍伐量会随之向上调整，投入市场的木材量也随着时间推移持续增加。现在这一美梦破碎了——森林受不了了。因为氮化物继续增多，树木生长的势头反过来会减弱。过多的氮化物会破坏树木的营养平衡，导致树木生长在一定程度上放缓。[100]

交通工具排放的氮化物在减少，但农业排放的数量还在继续增加——尤其是施肥以及施肥过程中飘到林地上方的气体。它们让原本只有少量天然肥料的森林土壤营养不断丰富，这不仅影响了树木的生长，也改变了地面植被构成。葳蕤繁茂的荨麻、黑接骨木和黑莓向我们昭示了少数物种在这里开起了氮元素聚会——妨碍了那些知足不争的物种和树木幼苗。

而现在，除了营养过剩之外还多了气候变化的压力，最终导致过去的产量表无法使用。高温以及长期持续的干旱不仅会减缓树木的生长，甚至会使其停滞数周。

面对高温和干旱，树木会通过关闭叶片背面的气孔或者直接落叶等方式来保护自己。在这两种情况下，树木几乎无法进行光合作用，木材合成实际上中断了。简而言之，如今即使在完整的森林中，我们也无法可靠地预测未来那里可以产出多少木材。那些想要继续增加木材消耗量的人，其行为是完全不负责任的。

那现在厕纸问题要怎么办呢？除了人们可能会乐意购买再生纸制品，在这方面，我们的文明也在继续发展，例如现在已经有专门的可冲洗屁股且安装了热风机的马桶。说实话，我还没试过这种马桶，但如果我们的森林无法再提供足够的原材料来满足所有的需求，那我会为自己选择新的如厕科技，因为我更愿意将纸张留给书籍。

然而，传统林业经济还没有放弃。当森林陷入困境时，相关从业者总是能获得国家为他们提供的资金补贴。国库的开放程度越高，对他们来说就越好，而目前国库对森林来说就是完全敞开的。

补贴越多——森林越少

森林正在经历第二次死亡。第一次是在 20 世纪 80 年代，当时酸雨给我们的绿肺造成了极大的威胁，让我一度心生恐惧。1983 年，我开始参与大学林业经济专业的预备实习，但那时我怀疑自己是否能够从事这份职业。电视上播出的纪录片刻画了当时林地被伐光后极度阴沉的景象：失去树木的林地被笼罩在一片荒凉的棕灰色中。直至 2000 年左右，随着大规模森林出现在欧洲，这一切才成为过去。虽然结局发生了改变，但并不代表这场灾难被夸大了，事实恰恰相反。这些令人恐惧的报道在政治上引起了强烈反应，其后果包括推动了工业废气脱硫技术的应用，汽车催化剂的标准化也是在这一背景下实施的。森林终于可以松口气了。遗憾的是，这一史无前例的环保成就正渐渐被人遗忘。然而，我们绝不能忘记，当树木受到危害时会有怎样的后果——这关乎我们的未来。

森林的第二次死亡始于 2018 年。数千平方千米的云杉林失去了针叶，"森林死亡 2.0"这一概念随即出现。与 20 世纪发生的第一次森林死亡不同，这次死亡进程非常迅速，让所有人都触目惊心。我们虽然仓促地做了些努力，但仍然没能消除那些肉眼可见的症状。

还是按顺序一件一件说吧。第一次森林死亡时，不仅是森林，林业经济也是受害者。虽然种植林对树木造成了各种损害，人们使用的重型设备压实了土壤，但主要问题还是在于工业和道路交通所排放的废气腐蚀了树叶。此外，雨水中的酸性物质分解了土壤中最微小的成分——黏土矿物，它们对于地面储存营养物质这一过程来说十分重要，以人类的标准来看，这一损失是绝对无法弥补的。而没有受到损害的则是森林管理者的形象，他们的形象甚至在这一事件中得到了改善。

如今的形势则不同。外部的威胁仍是一样的，即跨区域的环境变化导致森林死亡。但一个显著的区别是，现在首当其冲地受到大规模影响的是由云杉或松树等非本土树种构成的种植林。在这些森林被大量砍光（或者被洗劫）的地方，只能偶尔碰到几株山毛榉和栎树。而在完好无损的大型自然保护区中的阔叶树则明显抵抗能力更强。

不同森林之间的对比表明，这次森林死亡更深层次的原因在于传统林业经济对生态系统的削弱。气候变化击倒的是一个此前就已经摇摇欲坠的系统。即便这一行业中的一些人发起了"Foresters4Future"的迷你活动——一个对青少年运动"Fridays for Future"拙劣的仿冒活动——也根本于事无补。为了唤起民众的支持，这一灾难事件竟然是由灾难的始作俑者公布的。

不过严格来说，死亡的并非森林，而"只是"树木。正如特罗伊恩布里岑发生森林火灾的区域所展示的那样，生态系统自身仍然运转良好。在所有人类目前尚未插手干预的地方，森林都功能完好且强劲地做出了应对，很快长出了新的树木。只有在那些树木被砍光、土壤在夏日阳光直射下升温、地面被压平且几乎不再有腐殖质的地方，森林才真的死亡了。但可惜，如今国家给这些树木被砍光的林地洒下的金钱恩泽，阻止了那些责任方放弃他们的行为。在他们看来，自然无法重建真正的森林，只有林业管理者才有能力做到这点，而鉴于林地被大面积砍光，此类财政支持还需要加强。

这时公众需要思考一个问题：我们究竟要如何重新获得健康且抵抗力强的森林？

林业经济相关人士表示，联邦政府提供的资金——仅 2020 年就提供了超过 5 亿欧元的资金——只是杯水车薪。[101] 真是这样吗？还是说可能刚好相反，这恰恰是压垮骆驼的最后一根稻草？现在这些大额资金流向林业经济，主要助益的是植树造林事业，即发展新的种植林。而我们通过特罗伊恩布里岑森林火灾区域的例子已经认识到，这种行为在经济上是不合算的，反而是一种烧钱行为，白白烧掉了那些扶持资金。不，这数亿欧元仅仅是支撑了一个摇摇欲坠且违背自然的系统，倘若没有这种扶持它就会自行崩溃。这一系统对林业种植的坚持也导致了新造的森林总是脆弱不堪，加速了它们的死亡。

在我看来，所有这些植树造林项目还关乎另一个全然不同的问题。林业管理部门试图通过大量的投入来让他们造成的问题从大家的视线中消失——想想树木的体积或者整个森林的规模，你就能猜到，这是个不可能完成的任务。同时他们不是为了迷惑公众，不让人知晓其整个行业的失灵程度，而是为了掩盖自己的过失。谁会想亲眼看到自己毕生的心血枯萎死亡或被害虫吃光呢？ 1990 年，我的几位同事就心灰意冷地提前退休了，因为多场风暴将数千平方千米内的树木都连根拔起，这会改变当地之后数十年的地形风貌。当时也都是以针叶种植林为主，人们会尽快砍光树木，之后再迅速种上新树。

从情感角度看，他们的理念是眼不见心不烦，即使这根本不可能成功。这并非一种官方的遮掩行为，而是源自人性最深处的情感冲动，要将看得见的坏事消除或至少减轻一些。我们可以将国家的介入理解成一次大型修复尝试，但要知道，自然是无法人为修复的。这种修复背后的逻辑是：直接将一切清理干净，然后让森林从零开始。正如我们已知的，人们为此去寻找合适的超级树，然后直接在砍伐干净的空地上种植树木。根据森林的定义，这时灾难就被消除了，林地又变成了森林，人们很快便觉得事情已经解决了。

问题在于，在德国的林业经济中，完全受损的森林会耗费大量金钱，更准确地说，对这种损失的暴力清除会耗费大量金钱。几乎没有锯木厂愿意购买死亡的云杉，因为它们的树干中很快就会滋生真菌和昆虫，让木材颜色发生改变并形成难看的孔洞。谁会想要买这种已经开始腐烂的木材制成的木板、家具甚至顶梁呢？毫不意外，木材的价格会迅速下跌，跌过木材砍伐、加工以及运输至林间道路上的成本。

每一根加工完成后被拖出森林的树干，都是一个告诫他人企业经济失灵的纪念碑。原本在森林中，这些树干可以为无数微小生物提供栖身之所，能够储存水分并给周围环境降温。数十年之后，它们最终会被分解为腐殖质，能持续数百年地扩充土壤中的生物数量。从这一生态的视角来观察森林，对政治决策者们来说是非常陌生的，过去如此，现在仍然如此。否则他们又怎会给这种清理受损木材（他们就是这样称呼这些宝贵的生物质的）的大型活动提供补贴呢？

让我们离开森林，去到林业经营者的办公室，看看是什么造成了那里的市场上的木材泛滥。在正常的年份，德国一年砍伐约 2 800 万立方米云杉。[102] 这些木材销路较好，整体来看，除去收获成本，平均收益可达每立方米木材 60 欧元。锯木厂青睐绝对新鲜的木材，因为木材在夏季数周后就会开始腐烂。

根据官方估计，在2018年至2020年这3年间，共累积了1.78亿立方米受损木材，主要是受到真菌和甲虫侵害的云杉木。因此木材的价格跌至谷底并保持低位也就丝毫不让人感到意外了。除去收获时的成本，现在部分森林所有者甚至还要大量倒贴。因此一个典型的反应就是哭穷要补贴，而且获得的补贴非常丰厚。例如各联邦州和各地区至多能从国家获得每立方米30欧元的补贴[103]——这常常相当于森林工人加工树干的全部费用。这样官方就造成了一种刺激，让大家将这些宝贵的生物质从森林中清除，但实际上木材市场根本不想要这样的木材。

不过这一扭曲的行为也有一个积极后果，即中国的收购商开始关注木材泛滥的德国木材市场了。跳楼价的粗壮树干——那必须出手啊！数千艘集装箱货轮离开德国海港驶向他方。在一次与加拿大不列颠哥伦比亚省奎亚卡第一民族的行政长官弗兰克·弗尔克的电话中，他向我介绍了德国大量加工受损木材的全球影响。他告诉我，在土著的保留区内已经有数月没有听过电锯声了——因为没有哪家加拿大伐木公司会愿意以这么低的价格出售木材。这样一来，至少太平洋海岸的森林能够得到一段时间的喘息。

然而，大部分的扶持资金并没有用于砍伐受小蠹虫侵害的树木。虽然扶持资金是用来重新恢复森林的，但这些资金是一起发放的，而且无需提供使用证明。每平方千米的补贴金额为

10 000 欧元或者更多——这样森林在补贴和畸形发展方面终于赶上了传统农业的水平。[104]

为了争取这些大额补贴，林业经济最强大的游说组织之一，德国森林所有者协会（AGDW）[105]在联邦食品和农业部部长克勒克纳身上下了功夫，并获得巨大成功。这个工作团体的主席是汉斯－格奥尔格·冯·德马维茨，他是隶属于基督教民主联盟（CDU）的联邦议院议员。在门户网站议员观察网（abgeordnetenwatch.de）2021 年发布的额外收入最高的联邦议院议员排行榜中，他位列第二。[106]德国森林所有者协会代表保守的林业经济，在过去曾毫无顾忌地同农民协会一道反对针对杀虫剂的禁令。[107]

通过地方州协会的形式，德国森林所有者协会工作团体不仅代表个人，还代表地方和联邦林业局的利益。也就是说，国家机构通过民间协会暗中向联邦政府的扶持政策施加影响。而在联邦食品和农业部的委托下，扶持资金的发放工作也是由一个民间协会——可再生原材料专业协会承担的。这一协会是1993 年联邦政府为了协调和办理扶持项目而发起成立的，此外该协会还负责收集和提供与可再生原材料相关的专业知识，包括使用木材获取能源的专业知识。[108]讽刺的是，这一协会固执地隐瞒了木材燃烧对气候伤害极大这一事实，反而宣称烧木材取暖是二氧化碳中性的[109]，这一主张与绝大多数科学家的观点相左。

谁能想到呢，这个协会的成员包括联邦食品和农业部成员、木材行业和林业以及其他国家机构。[110] 简而言之，在我看来这就是一种监守自盗，他们自行提出需求，通过多数表决，之后分配筹措到的资金也是受自己操作的，获益的都是自己的成员。

森林受到的帮助则少之又少，因为补贴的发放只要满足少量义务就行，例如获得门槛较低的森林认证认可计划体系（PEFC）发布的森林图章认证。这一认证几乎不超出法律的要求，认证所需花费甚少且对森林所有者几乎没有义务约束[111]，因此让人并不意外的是，德国大部分林业经营者都披上了这层环保外衣。现在他们因为跨过了这道极低的门槛而获得了丰厚奖励。这些受益人拿着这笔被恬不知耻地称为"可持续性津贴"的资金肆意地购买新车，或装修客厅。[112] 显然，在联邦议院表决前，他们避免了围绕这笔资金的争论，否则他们根本无法解释这一森林津贴是如何作为附件出现在一份即将通过的"农产品校园项目法"中的[113]，这个复杂的名字后面隐藏的是一项向中小学儿童发放蔬菜和水果的计划。在之后的议会商讨期间，也仅有绿党和自由民主党的两名议员提出了口头反对。

我并不是要制造不和，我绝对赞成对森林所有者提供财政支持。然而，我们不能重蹈农业的覆辙，大部分农业经营者的收益都来自补贴资金，而这些资金并没有依照相关的环保标准来发放。换言之，我们应该补贴的是那些致力于重建稳定生态系统，且因此能为民众提供真正机会的企业。

不过即使没有补贴，资金问题也加剧了森林的危机状况。在许多地方政府和国家林业管理机构的信念中，"森林"领域应该提供可观的收益，来负担人员工资并为财政带来大量盈余。

但在林业中，收益情况与农业并不一样，因为定期出现的小蠹虫或风暴等灾害会造成木材市场的混乱和波动。每当木材市场上出现大量"受损木材"时，木材价格就会大幅下跌，让地方财政陷入混乱。受到这些灾害影响的大多是云杉和松树种植林，这些树种的木材大量积压，几乎没有买家愿意购买。当然这对机智的林务员来说根本不是问题，他们会开着木材收割机直接进入古老的阔叶林，进入那些大多还能够抵挡气候变化的森林。这些森林中有雄壮的栎树和山毛榉，它们在木材市场上还能像往常一样卖出好价钱。后果自然是苦涩的，连最稳定、最具生态价值的森林也受到同样的损害。

在砍伐活动使森林变得严重稀疏透光后，阳光会直射到老树的树干上，使它们苦不堪言。山毛榉表皮光滑，对此尤其敏感，它们非常容易晒伤。之后，山毛榉的树皮会剥落，敏感的木质层裸露在外后，会立马被真菌和细菌占领。如此一来，这一庞然大物的命运就已经注定了，数年之后它们的生命会走到尽头。在种植林大量死亡的同时，这些阔叶林的死亡也如同一场暗火一样悄无声息地蔓延开来，不过二者之间有一个巨大的区别，种植林是死于夏季高温，而阔叶林是死于电锯砍伐。因此我们亟须为所有功能完好的阔叶林颁布砍伐禁令。

然而，有一些科学家却试图通过可疑手段阻止森林保护区的扩大。

摇摇欲坠的象牙塔

托比亚斯非常愤怒。我儿子坐在他森林学院的办公室中，背后的墙壁上挂着一张巨大的山毛榉林照片，5月的森林郁郁葱葱。他面前的电脑屏幕上闪烁着一项科学研究中的最新数据，这篇研究论文出自耶拿的马克斯·普朗克生物地球化学研究所。[114] 一直以来，这家研究所如同其名字一样享誉甚广。尤其在植物固碳领域，这家机构已经取得了令人瞩目的研究成果，我非常乐于，也经常引用这些成果。但这次的数据明显有些不对，或者更确切地说，整篇研究论文都不对。这篇论文的作者为已经退休的恩斯特－德特勒夫·舒尔策教授，他再度为老东家执笔并邀请了其他共同作者。赫尔曼·施贝尔曼教授也是共同作者之一，他目前（2020年2月）任联邦食品和农业部森林政策科学咨询委员会主席。二者都能对联邦政府的森林政策产生巨大影响。

这些科学家的结论是：砍伐树木以及为了获取能源而燃烧树木，比将森林保护起来对环境更好。科学咨询委员会还为这一结论出具了相应的专家鉴定意见。[115] 我是听错了吗？想想亚马孙森林吧，它不仅对整个南美洲的气候有意义，而且影响全球气候。想想埃伯斯瓦尔德可持续发展大学的气候研究吧，它揭示了古老阔叶林显著的降温效果。舒尔策自己还曾于2008年在著名专业杂志《自然》上与人共同发表了一篇被多次引用的论文，文中认为森林在碳元素存储方面具有巨大潜力。[116] 再看看现在！

"我们建议，规划中针对化石燃料的利用征收的二氧化碳税其使用目的应该是促进木材的可持续生产，并以此为气候保护做出尽可能大的贡献。"舒尔策教授在该研究所的媒体公告中如是说。更直白地说，他明显已经不满足于在科学上将木材燃烧洗白为环保的了，不，他还要求从上述税收资金中得到额外好处。你能想象一个石油王国酋长要求国家为燃烧汽油提供扶持资金吗？教授并非石油王国酋长，但这一比喻也并非完全牵强附会。因为舒尔策先生从事林业经营，而且是两家德国林业公司的总经理。在我看来，他在罗马尼亚的所作所为更值得批评。根据马克斯·普朗克研究所官网的介绍，他是那里一家林业公司的副总经理。[117]

喀尔巴阡山脉有地球上最后一些山毛榉原始森林，它们的状况同亚马孙雨林相似，都沦为了林业经济的玩物。在德国，林业经济的相关人士找尽一切可能的理由来砍伐这些古老的巨树，就好似没有明天了一样。我们经常会听到德国、瑞典、波兰以及其他国家的林业管理部门说着类似的话：必须尽快将受到小蠹虫侵害的树木清除，以免这些"病灶"蔓延开来感染整片森林。相应地，这种伐木行为也被称为"保健砍伐"。实际操作中这种砍伐会明显比预期强度更甚，通常也会成为周边地区砍伐行为的开端。

为了获取古老的山毛榉木材，他们在那些仅存的原始山谷中为推土机砍伐出一条条林间通道。之后以这些通道为起点，电锯开始吞噬森林并向着左右两侧的山坡推进。最终发生在这里的事情和热带雨林中所发生的并无二致，只是这些发生在环保似乎做得更好的欧盟而已。

罗马尼亚现在已经是欧洲最大的木材生产地之一了，那里也为宜家等大型企业供货。而当地部分反抗乱砍滥伐的林务员甚至遭到了血腥谋杀，例如拉杜库·戈尔奇瓦亚，他死于私自盗伐树木的贼人的斧下。[118]

说回舒尔策教授。根据当地环保人士的消息，他参与了罗马尼亚西部弗格拉什山脉的树木砍伐。这就又回到了石油王国酋长的那个比喻，舒尔策通过两家德国林业企业成了木材供应商，而同时又受到一定的偏袒。直到其论文计算出异常的结果才让这一问题显现出来。而且这些计算结果可不仅仅是异常的！

托比亚斯向我解释道，舒尔策犯了一个非常大的错误。舒尔策的解释听着很平实，却有些难以说清，但我也不想有所保留，我将向你们展示他们是使用什么样的手段来炮制所谓的林业经济知识的。这项研究对德国林业管理起着决定性作用，而接下来所展示的相关争论，将林业经济意见领袖那傲慢的态度展露无遗。

该研究的一个重要基础是在图林根地区的海尼希山国家公园进行的测量，这个小型国家公园的主要任务在于保护较为古老的山毛榉森林。这些森林虽然在过去是以传统方式经营的，且经过了机械的碾压，但现在可以不受打扰地朝着原始森林的方向发展。舒尔策将这个国家公园作为受到保护的森林的参照，这点已经是有问题的了。毕竟这样一片森林要勉强可以再次称为原始森林，还需要数十年乃至数百年时间。

为了证明这些未经经济开发的森林的生物质可以储存多少碳元素，舒尔策让人在海尼希山进行了测量，对国家公园中 1 200 个采样点的树木木材储量展开了调查。2000 年，平均每公顷森林的木材量为 363.5 立方米。2010 年，他们在相同的采样点再次展开了调查，结果每公顷森林的木材量增加了 90 立方米——不难理解，因为树木在过去十年中变粗了。由此可知，国家公园中此前调查过的林区每年每公顷增加了 9 立方米木材量——大约相当于森林从大气中吸收 9 吨二氧化碳。这一数值并不让专业人士感到意外，它基本上与德国所有较为古老的山毛榉森林的木材增长水平相当。

不过在 2010 年的第二次测量中，国家公园还对其他没有树木或者只有非常年幼的树木的区域进行了额外调查。当然，若要调查老山毛榉森林中的木材增长量，这一额外的测量值可以直接忽略，这当然是没问题的。此外从科学角度来看，包含幼林数据在内的总值对于该比较是完全不必要的——毕竟我们只能比较那些在 2000 年就已经测量过的区域。该国家公园的负责人曼弗雷德·格罗斯曼在研究中也明确指出了这点。如果有人仍然要把所有数值放在一起计算，就不能说他是无意间这么做的了。[119]

对舒尔策来说这完全不是问题，或者甚至可以说是个机会。同往常一样，这位教授将幼林的数据也一并计算在内，这样表面上平均每年每公顷新增加的木材量就从 9 立方米下降到了 0.4 立方米。这比实际值的 1/20 还要少。[120] 妙啊！根据他的计算，未被开发利用的古老森林几乎没有储存碳元素，而有被开发利用过的古老森林（根据联邦森林盘点的正确数值）的碳存储量是它们的 20 倍。

在此基础上，舒尔策、施贝尔曼及其同事计算得出，大力开发利用木材能够提高森林碳存储量，因此能够大幅减轻气候的压力。嗯，就像将存储器清空能够提高存储器内部的存量？林业经济的相关人士大为振奋，环保人士则大为震惊。这必须引起人们的注意！托比亚斯联合了其他学者，由天然林研究院的托尔斯腾·韦勒以及埃伯斯瓦尔德可持续发展大学的皮埃尔·伊比施教授牵头，在国际上发表了批评文章并在该大学的网站上发布了相应的媒体公告，来向全球指出这一错误。[121] 此外还有两个国际研究团队也对舒尔策的论文提出了批评。

回应很快就来了：屠能森林生态系统研究所下场参与了。该研究所隶属于联邦食品和农业部，因此也受时任部长尤利娅·克勒克纳的领导。这一联邦内部的研究机构的任务是为政府提供最新的科学知识。[122] 但它并没有如人们所期望的那样，批判舒尔策先生那篇不专业的论文，其负责人安德烈亚斯·博尔特反而通过推特批评了那些指出错误的学者。[123] 更为厚颜无耻的是，联邦食品和农业部森林政策科学咨询委员会的新主席于尔根·鲍胡斯也发言了。该咨询委员会本应为政府提出建议，并坚决地促进科学讨论。[124] 可这位在弗赖堡大学授课的于尔根·鲍胡斯，对"讨论"这一概念的理解有些奇怪——他书面要求这些学者修改媒体公告并下达了最后通牒。毕竟公告也批判了科学咨询委员会，指责它同舒尔策和施贝尔曼一样让人宣扬开发利用森林比保护森林对气候更好的观点。整个事件中最无耻的是，鲍胡斯还就埃伯斯瓦尔德可持续发展大学的媒体公告向德国研究联合会（DFG）提出了申诉，理由是违背良好的科学实践，并希望以此来向该大学，尤其是参与事件的学者施压。自然，德国研究联合会无法找到任何违规迹象并停止了调查。[125]

对我来说，围绕这项研究发生的事件对林业政策来说是一个关键点。倘若人们不仅批评持不同意见者，还试图让他们闭嘴并损害其职业生涯，那么不论这种行为是否正确，我都认为这对公共机构来说是令人担忧的。而事实还更加严重。

舒尔策和施贝尔曼的研究不仅是对马克斯·普朗克研究所和德国林业科学界的冒犯，而且其在罗马尼亚的影响带来了更大的问题。舒尔策在那里享有一定的声望，当一个德国科学家与林业专家联合建议，不要再保护古老的森林，而是要摧毁森林，为木材利用供应原料时，这就给了当地所有的森林保护人士一记响亮的耳光。他们中的许多人都是在冒着生命危险，为全人类保卫这些古山毛榉林的。

喀尔巴阡保护基金会（FCC）总经理克里斯托夫·普龙贝格尔告诉我，[126]罗马尼亚国家森林管理部门兴奋地接受了舒尔策的论文，现在它就是他们野蛮粗暴的砍伐政策的免责证明。克里斯托夫也努力试图购买这些林地，将其归入自己的项目中。他试图建设欧洲最大的国家森林公园，可惜这些环保人士拯救老树的大胆尝试遭到了拒绝。

我们几乎可以认为，舒尔策教授这篇论文的主要目的就在于他自己的利益，是为他在欧洲最大的环境破坏活动中的行为进行辩护。然而，该论文所带来的附带损害远远超出舒尔策旗下的德国森林和罗马尼亚森林那区区数平方千米。倘若你在其他国家读到这些文字，那么它对你和对德国读者来说是同样重要的。因为我们所有人所拥有的气候是公共的，从全球范围来看，我们对每一片森林都有一定程度的依赖。此外，这也关乎德国林业经济自身。自19世纪至今，德国的林业经济对全球林业经济都产生了影响，它一直被视作典范，这一事实也令我感到遗憾。确实有其他国家的专家认识到了德国林业经济的这些有害影响，例如对印度森林的影响。

普拉迪普·克里香是印度次大陆上最有名望的环保人士和自然专家之一，他在印度版《树的秘密生命》一书的前言中写道，是德国林业学家向当地人阐述了单一树种种植林的美好景象，使当地引入了伐光林地的做法，即移除所有其他树种，只种植想要的树种。据克里香介绍，这种经济形式给印度带来了巨大损失，而且这种做法至今仍未被废止。[127]

这就让人不禁思考一个问题，我们为何会在国际上如此大范围地听到德国林业专家的声音呢？在19世纪，基本只有法国和德国拥有在当时世人眼中堪称现代的工业化林业经济。当时世界上大部分地区都处在英国的统治下，而英国人同法国人之间的矛盾众所周知，因此英国人选择邀请德国林务员去殖民地征服当地环境，也就不难理解了。现在大英帝国已经成为历史，林业种植园经济却还没有。

坚定地唱念"燃烧木材对环境有好处"的做法让我想到了石油行业。早在30年前，荷兰和英国的壳牌石油集团就已经通过内部研究知晓了他们这些燃料产品对气候的危害。然而，他们却和其他行业巨头联合起来，否认气候变化与他们有关。[128]

同样地，林业经济也反对"木材燃烧对气候有害"这一科学共识，这一共识还提到，在某些情况下燃烧木材甚至比燃烧硬煤危害还要大。因此早在2017年就有约800名科学家就此事向欧盟委员会提出了警告。[129]

同年的一项研究不无担忧地指出，在欧盟实施关于可再生能源（木材也算在其中）的目标过程中，欧盟范围内的木材消耗至2030年为止，将从2009年的3.46亿立方米上升到2030年的7.52亿立米，上涨超过一倍——注意，这些只是用于燃烧的木材！[130]这相当于德国年木材砍伐量的12倍，换算成石油约为1.8亿吨。你可以对比一下，整个欧盟2019年的石油消耗量为7.05亿吨。[131]因此，木材正在缓慢取代石油在环境污染方面的"地位"。这背后的原因在于，不仅木材在燃烧过程中会排放二氧化碳，失去树干的森林土壤也会释放数量巨大的碳化合物，因为不断升温的土壤会让微生物极度活跃，促使它们将腐殖质分解殆尽。总的来看，这样就会再次增加大量的温室气体。

大规模森林生态系统的损毁，以及由此带来的环境降温效果的丧失和降雨减少，对气候造成了巨大影响，以至于如今使用木材的影响已经几乎可以同燃烧石油带来的影响相提并论了。不过这点还有待更加细致深入的科学研究。而这就又回到了我们一开始讨论的问题：只要林业经济领域有影响力的科学家拒绝承认二者之间有任何联系，那我们就根本无法继续下一步行动。

林业管理部门也持这种拒绝的态度。这并不奇怪，这些本应阻止乱砍滥伐的监管机构本身就是德国最大的木材销售商。这句话值得我们玩味：监管部门监管的实际上是自己。这些国家林业管理部门想要尽可能多地砍伐和销售木材的热情甚至多次受到法律抑制。1990 年前，曾存在所谓的木材销售基金，该基金为木材这一原材料打广告，以促进木材销售并砍伐更多树木。所有木材销售商都必须按国家规定的比例将收入资金缴纳到基金总池中，通过强制手段进行森林管理。而在 1990 年，联邦宪法法院就宣布征收这笔费用违反宪法，主要原因在于公共森林的管理不应该为木材销售服务，而应该是为了保护和恢复森林。[132]

但其结果只是对相关法律进行了些许修改，税还是继续征收。直到 2009 年联邦宪法法院第二次严厉谴责该行为违反宪法且明令禁止后，这一为木材销售基金强制征收费用的行为才停止。[133] 但另一行为却仍在继续，即让在公共森林中进行木材生产成为林业经济的重心。我们只能希望法院在这方面的第三次判决不要再让我们等待 19 年。

当前大规模的国有木材销售行为还受到另一重阻力。早在数年前，联邦反垄断机构——联邦卡特尔局就试图禁止林业局售卖木材，因为这等同于没有实际竞争的销售卡特尔。[134] 联邦卡特尔局自多年前就想要制止这一行为，却几乎没有取得任何进展，现在一家美国诉讼融资机构关注了这一事件。这家名为伯福德资本的公司受德国锯木厂行业的委托，向所有联邦州提起诉讼，控告其收取手续费并要求损害赔偿。仅针对北莱茵－威斯特法伦州这一个州，他们就提出了高达 1.83 亿欧元的损害赔偿——对于小小的林业来说这已经是笔巨款了。[135] 在莱茵兰－普法尔茨州，他们同样针对收取费用的 "ASG 3" 公司（莱茵兰－普法尔茨州锯木行业负担均衡有限公司）提出了高达 1.21 亿欧元的损害赔偿诉讼，该公司的上级部门领导、州环境部部长乌尔丽克·霍夫肯诉苦称，这一控告对森林有巨大的影响。[136]

诉讼程序是费时费力的，而到目前为止林业经济已成功利用了任何一个漏洞来维持现状。然而，当前气候变化不断加剧，我们失去的是能够、同时也应该共同行动的宝贵时机。而我们是可以行动的！现在让我们将目光从森林中收回来，转向我们熟悉的住宅，转向我们的餐厅。

你的盘子里有什么？

关于气候变化的新闻头条总是被冒着烟的管道占据。不论是汽车排气管、烟囱还是飞机推进器，它们排出的都是含二氧化碳的废气，而二氧化碳占据着气候讨论的核心位置。此外还有南极冰川融化或者亚马孙雨林燃烧的照片，这些图像完美呈现了令人恐惧的末日景象。这么做的好处是，尽管我们知道全人类都会受到影响，但对于大多数民众来说，这些问题当前还主要只是地方电视中的画面。

不过在局部层面，持续上升的气温以及不断加剧的干旱有一个完全不同的原因，即对森林的人为改造。你已经了解了古老森林的降温效果，这些森林与农业区域之间的温差能达到10℃（与城市之间的温差可能更大）。而这一温差就从你的盘子里产生。

为了让整个问题更加清晰，我为你整理了一些数据。你放心，和我一起完成计算之后，结果会让你感到乐观，因为在最后我会为你展示一个应对气候变化最重要且非常容易实施的解决方案——相信我！

经济生产让德国的森林面积被压缩至国土面积的 32%，这些森林大部分被改造成了种植林。

其他方面对原始森林的改造更为明显，14.7% 被用于建设居民区和道路，几个百分点被用作水域、露天矿和休耕地，而面积为 167 000 平方千米、占国土面积的 47% 的最大部分则用于农业。

诸如土豆、粮食、水果、蔬菜等基础食物，还有酿酒葡萄，其种植面积为 47 000 平方千米。此外还有部分耕地用于种植制造生物燃料、沼气和化石燃料替代品的原料，这一种植面积为 20 000 平方千米。用于动物饲料种植，即用于包括蛋奶制品在内的肉类生产的耕地面积为 100 000 平方千米——这几乎是森林面积的总和（114 000 平方千米）。[137]

尽管从总量上来看，德国在许多植物类的基础食物方面可以自给自足，但在计算时还要加上为动物饲养生产大豆和其他精饲料的大量国外土地。

我之所以啰啰唆唆讲了这么多关于土地利用的情况，是因为这正是理解肉类消费造成的温室效应的关键数据。在许多计算当中，都只考虑了生产过程中直接产生的二氧化碳排放，而没有考虑土地从森林转换为了牧场或耕地这一事实。

为了让二氧化碳排放情况更加一目了然和易于理解，我想带大家做一个简单的估算。计算不是为了算出准确的数值，而是为了让大家对整件事情有一个大概的了解。

我们先来看看平均一片森林中的生物质以碳元素的形式储存了多少二氧化碳。对一片中欧地区完整的原始山毛榉林来说，这一数值约为 1 000 吨每公顷。[138] 若将这样一片森林改造成养牛的牧场，那么被砍伐的树木以及土壤中储存的大部分碳元素都会散逸到大气中，因此这部分也要算到牛肉生产中去。

这时有人可能会反驳说，森林在几百年前就已经被砍伐了，因此不能被算入二氧化碳的排放情况中。尽管我们对此会持不同看法，但为了保险起见，我们还是从当前开始计算，即计算当前牧场的碳排放。这些牧场要么可以用来饲养牲畜，要么可以重新种树恢复成森林。若是第一种情况，则每年牧草吸收的二氧化碳的大部分将被牛吞下肚，经过消化后再次进入大气中。若是牧场重新种上树（或者经自然过程恢复成森林），那么树木吸收的大部分温室气体将以木质和腐殖质的形式储存起来。那两种情况下，碳排放量分别是多少呢？

令人意外的是，草地和森林每年每公顷吸收的碳元素量非常接近，分别为 6~9 吨（草地）和 4~7 吨（森林）。我们简单按二者的中位数 6 吨计算。纯碳元素换算成二氧化碳气体的系数为 3.67，[139] 这样 6 吨碳元素对应的植物从大气中吸收的二氧化碳的重量就是 22 吨。其中有一部分会通过以牧草、腐殖质、死亡的树木等为食的动物、真菌和细菌被再次释放到大气中。

但在森林中，仅新长出的木质部就能储存至少 11 吨二氧化碳，[140] 总量（包括树皮、树叶腐殖质）肯定能超过 15 吨，而且每年都会继续增长。反过来，如果这一公顷土地上养殖了家畜，那这片土地就无法储存这 15 吨二氧化碳了，因为树木被牧草取代了，而这些牧草是会不断被吃掉的。因此这一数量在计算时应当计入动物饲养当中，现在我们就来看看每千克肉类对应的量是多少。

在上述这一公顷的土地上，平均来看至多能喂养一头重量为 500 千克的牛。牛被宰杀后能剩余 53% 的肉，也就是 265 千克。为了这 265 千克的肉，有 15 吨由牧草（或者已经消失的森林）储存的二氧化碳被释放到大气中，每千克肉对应 57 千克温室气体。整体情况还要比这更糟糕，因为牧草收割需要用到农机，且整牛还要被加工和分解后才能运到超市。此外在牛短暂的一生中，它每天都要排放 200 升甲烷，[141] 这种气体的温室效应是二氧化碳的 21 倍。

这个计算中还可以加入的一项就是清除这片原始森林后回到大气中的 1 000 吨二氧化碳。若我们将这一数量分配到 200年的牧场使用中去，那每年就又有 5 吨二氧化碳或者每千克牛肉 19 千克二氧化碳的量加到这笔原有的气候欠账中去。饲料获取和加工这些纯生产过程，根据不同的计算模型，还会使每千克牛肉再增加超过 20 千克的二氧化碳排放。[142] 这样每千克牛肉对应的二氧化碳排放就几乎达到了 100 千克。

再次说明一下，我们只是进行一个粗略估算和极值计算，目的是看一眼肉类消费涉及的量值能达到什么范围。而肉类消费值为每人每年 87.8 千克（落到我们餐盘中的约占 60 千克）。[143] 这就相当于德国每个居民每年仅肉类消费就有多达 8.8 吨的二氧化碳排放！

德国联邦环境局 2017 年发布的全部饮食对应的二氧化碳排放值为每人每年 1.74 吨。[144] 官方数据中，肉类的数值明显被算低了，因为他们没有恰当地将德国的森林损失纳入其中。某些门户网站计算得出，在原来雨林区域饲养得到的南美牛肉其排放值为惊人的 335 千克，是我们估值的 3 倍。[145]

而且不是所有人都只吃牛肉，这对计算结果的准确性极为不利。猪肉和禽肉被认为对气候的损害较小，在大部分计算当中，砍伐森林的部分同样没有被清楚计算或者压根就被忽视了。这样就缺失了最重要的因素，因此说服力也被大大削弱，导致在公众认知中，饮食因素在气候影响方面丧失了第一的位置。

严格来说，至少在我们欧洲，当前让二氧化碳排放情况看起来如此糟糕的原因不在于森林的砍伐，而是森林恢复受到的阻碍。这也很好地解释了，为何许多论文都没有充分考虑到这一点。曾经的森林变为草地或牧场，这给人带来了一种田园风光般的印象，而不带一丝一毫气候灾难的气息。冒烟的烟囱是一种告诫，而彩蝶翩飞的草地则不是。

我想带大家做一个小小的思维实验。如果肉类消费减少至以前很流行的周日烤肉[*]的量会怎样？在德国会重新形成多少森林，而这又会对未来的气温产生什么样的影响？

按个人喜好，周日烤肉中一份肉的重量在 150 克左右。以此推算，原本每人每年 60 千克的肉类消费量就可以降低至 52×150 克 =7.8 千克，减少了 52.2 千克，或者说 87%。之后我们可以让相应数量的饲料种植地重新恢复成森林。有人会注意到，还有很大一部分饲料是进口的，而这时百分比计算的好处就体现出来了。饲料需求降低 87% 时，饲料种植所需的总体土地面积也会相应降低，在德国是这样，在其他国家也是一样。

不过，当我们吃肉变少后，我们需要更多土地种植植物类食物来弥补损失的热量。没问题，就用那些用于生产沼气和生物燃料的土地。这些生产在损害环境方面造成的影响同肉类生产不相上下，我在 2008 年为一本关于生物能源的书所做的调查研究中就已经证实了这点。毕竟沼气反应堆同一头大型的人造

---

[*] 德国传统菜。根据基督教教义，周日是一周中最重要的一天，德国家庭有在这一天吃烤肉的传统。

奶牛没有什么分别。草和青贮玉米在发酵罐中发酵，这一过程中会有二氧化碳和甲烷直接渗漏出来，或之后通过燃烧间接排放出来。我们应尽快停止这种生产，并在这些地方改种植物类的有机食物来补充我们的饮食。

这样我们最多能减少87%的肉类消费，进而使相应的土地重新恢复成森林。若饲料生产用地为100 000平方千米，那么就能有87 000平方千米的土地用来种树。这样德国的森林面积就能增加到200 000平方千米，至少相当于56%的国土面积！

这种发生在家门口的土地变化还有一个特殊的好处：当我们亲眼看到，减少肉类消费能促成肉眼可见的大型森林回归，让区域气候重新降温，甚至带来更多降雨时，可能也会激励政府最终同肉类工业生产决裂。

荷兰在这方面已经走得更远了：政府出台了一项计划资助推动农民退出大规模动物养殖，该计划为拆除养殖棚并投资做旅游业等行业的农场主提供为期10年的补贴，总投入高达19亿欧元。[146] 我希望有一天德国也能有同样的举措。在德国，每年有860万吨肉类被生产出来，[147] 人均超过100千克，这明显超过国内肉类消费水平。德国生产了大量用于出口的廉价肉，而其进口的饲料主要来自那些为了种植饲料而将热带雨林砍伐掉的地区。荷兰通过扶持资金促使大规模动物饲养者顺畅地结束这种残忍的工作做法，我认为是一种理智的妥协。这一资金投入是有益的，因为未来这将大幅减少对环境的损耗以及我们所有人将付出的后续成本。想想我们的地下水，我们最重要的食物资源，当前已经由于液体肥料的涌入而质量越来越差。

让我们回到恢复森林这一话题。与日益恶化的廉价肉生意相比，森林对于农民生产来说是一种更加稳定的收入来源。倘若农场主直接让森林生长就能获得每年每公顷 1 000 欧元的收益，那么不光他们的账户存款会丰厚起来，他们的形象也会得到明显改善。有一个现成的称呼对他们来说正合适：气候保护农场主。

假如我们真的让森林大面积恢复，那些牧场上的生物要怎么办呢？跟随向导在艾费尔山区森林中漫步，当我提议将更多的牧场重新恢复成森林时，同行成员就会愤怒地提出抗议，这种情况我已经历多次。他们认为对许多草类、昆虫和两栖动物来说，这些牧场太重要了，毕竟这些生物在人类环境中的状况已经岌岌可危了。然而，这种辩护听起来有多值得称赞，其背后的观点就有多错误。

我们本土的以森林稀疏地带为栖息地的草地生物，如许多昆虫，大多无法在草场中生存。它们需要牧场，而这与草场有很大区别。牧场是要经大型食草动物啃食的，或者只有一小部分被啃食，而草场是供人工收割的。这种牧场是由以前的河岸森林天然形成的，这些河岸森林过去曾分布在大型河流两侧数千米范围内。20 世纪中期，这些河流还定期上冻，这就间接为形成天然牧场提供了机会。春季河流融化的浮冰会形成没有树的区域，为草类和灌木带来生机。

在这种树木稀疏的半开阔草原上，曾有野牛、原牛和野马等动物出没，它们留下了一个物种丰富的牧场环境，为数千种昆虫提供了生存必需的栖息之所。

然而，河岸森林如今消失得寥寥无几，毕竟除了极少数例外情况外，河流泛滥早已成为过去式，更不用说河流融化的浮冰了。如今，这些宝贵森林的整个动态变化过程事实上已经停止了，其背后的根本原因在于：人类取代了吃草的野生动物，占领了这些河谷地带。每次洪水泛滥后沉淀下来的河流淤泥中都含有丰富的养分，因此这些河谷地带都是最富饶的耕地。定居点和城市从这里诞生，我们的文明也由这里扩散。但这些文明在洪水面前脆弱不堪，因此人们通过修建堤坝来抵御洪水。仅有少量区域仍以蓄洪池和泄洪区的形式存在，不过这些更多算是临时的蓄水池，而非真正的河岸森林。

因此倘若我们想为草原动物做点什么，那就应该在它们的祖居地采取措施。我们迫切需要在莱茵河谷或者易北河地区再建一个国家公园。当前奥得河下游河谷的国家公园是一个小小的开端，可100平方千米的面积实在是太小。而且即使是这么小的区域，也并非完全都回归自然了。在农场主和安格斯牛饲养者的联合游说团体施加的压力下，这个公园只有50.1%的区域真正停止使用了，其他区域仍然可以继续经营。50.1%这一比例是特意选择的，因为对于国家公园来说必须有超过一半的指定区域受到严格保护——因此这个公园只是勉强超过这一比例，可以保持国家公园的头衔。[148]

故而我们仍然缺少一个真正能为河岸森林的树木及其动物群体提供栖息地的大型河流荒原。相反，我们在丘陵地带开垦草场，并为羊群放牧提供补贴。这些丘陵地带曾经被山毛榉原始森林覆盖，也绝没有大量野牛或者野马存在。可就是在这些地方，人们开展了物种保护项目，例如里夏德·赛恩-维特根施泰因-贝勒堡王子殿下就发起了一个安置野牛的项目。[149] 王子为该项目提供的森林并非位于河谷洼地，而是位于绍尔兰地区的一处山脉，罗塔尔山。那里提供的森林面积约为40平方千米，野牛要在该区域栖息繁衍。然而，40平方千米听起来很多，对于活体重量接近1吨的动物来说还是太小了。你可以对比一下，就算是一只体型比家猫大不了多少的山猫，也需要至少10平方千米的栖息地。因此该来的总是会来的：这些野牛并没有乖乖待在为它们准备的区域内，而是在草地、农田和森林中自在地游荡。途中它们总是会啃食树皮，破坏树木，造成经济损失。毫不意外，现在这些森林所有者提出了抗议，要求赔偿损害并清理这些动物。目前野牛群的规模将被缩小，其活动范围也要受到限制，就好像变相地生活在动物园中。这同它们自然的生活相差甚远。[150] 因此，从这种大型哺乳动物的角度来看，我们也迫切地需要至少一个大型河岸森林国家公园。

要等到政府朝着减少肉类、增加森林和建设更多国家公园的方向转变，肯定还需要一定的时间。但至少在肉类这方面，我们每个人都可以从自身做起——不瞒你说，我不吃肉已经快3年了。让我们饮食方式发生改变的动因，除了对动物的同情，实际上还在于对自然的担忧。不过除了饮食，还有一些其他方法，是我们在家门口就能立刻做到的。

第三章

未来森林

每棵树都有用

"单独一棵树？它能有什么用？"我越来越频繁地听到这个问题。全球范围内来看，单独种植一棵树苗对于对抗气候变化来说无疑连杯水车薪都算不上。而且我相信，许多地方的森林都可以自行恢复。但从局部来看，种植树木的作用就不同了，这里我指的是非常小的局部地区，例如你家门口。在这里，单独一棵树就能对气候起到明显作用，你可以亲自验证这点。冬天时，你将车停在一棵树下，车窗就不会很快冻上。其原因在于树木能够缓和温度的极值，也就是说，停在树冠下就像在屋顶下一样没有那么冷。

而夏天的情况刚好相反，树木能够降温。不仅是由于树荫，也在于水的蒸发让温度降低了。这点你也可以通过一个小实验亲自领会。你可以在一个炎热的夏日撑开一把太阳伞并站在伞下，你会发现即使站在伞下也很热，不过还是比不撑伞好一点点。这时你再站到一棵树下感受一下差别。特别高大的老阔叶树完全能造成 2℃ 的额外温差，这并不让人惊异，毕竟一株老山毛榉能通过叶片释放多达 500 升的水分，而水分蒸发需要从周围空气中吸收热量。这和我们身体出汗时的降温效果是一样的。

如果树木与房屋靠得比较近，我们通常可以在墙壁上观察到这一巨大的水汽蒸发量。墙壁上在树冠的阴影位置会长出一层灰绿色的藻类，说明这里的湿度尤其高。

我在我们林务所周围也发现了类似的情况。林务所，顾名思义，是被树木环绕的。这里有一株雄伟的老桦树非常引人注目，它是我见过的最大的一棵桦树。它立在我办公室窗前8米远的位置，其空心的树干为鸟类孵化雏鸟提供了安全的筑巢场地。林务所的气象站定期显示的气温总是与森林学院的气温有2℃的温差，而森林学院就坐落在附近的韦尔斯霍芬地区的一座山丘上。二者之间的区别仅仅在于森林学院的树木还十分年幼，那里的建筑和花园都是2019年底才建成的。2℃温差表现在，炎热的时候林务所会低2℃，而寒冷的时候又会高2℃，同时湿度也会更高。这主要是花园中那株老桦树和其他老树的功劳，而且这种效果一年四季都很明显。

由此可见，单独一棵树也能直接影响你家门口的局部气候。我之所以认为这点非常重要，是因为每一棵花园中的树木都很好地驳斥了那些认为我们单个个体什么也无法改变的宿命论观点。哪种树最适合种植在花园或者街道绿化带呢？我们应该始终选择本土树种，这与选择森林树种的原理是一样的。树木后续食物链上的生物依附于树木而生，而树木同样依赖后续食物链上的这些生物，至少是部分生物（就是我们所说的共生功能体）。一个很实用的方法就是，看一眼家门口的天然森林里有什么树。在德国，本土树种包括栎树、山毛榉、栓皮槭、花楸树、欧洲山杨，它们英勇地在各处砍伐空地上重新扎根。若你想一举两得的话，那么果树也是一个很好的选择。尤其对于儿童来说，和树木一起成长是一件非常棒的事。这会让他们切身感受到这些大树对我们的重要性，这种直观印象会伴随他们终身。

在过去几年的夏季干旱中，许多城市都发生了令人动容的一幕。市民们为他们的行道树感到担忧并开始给它们浇水，而且很多地方的人们都不是在单独行动。充满爱心的居民根据街道组成了浇水团体，他们彼此配合，协调有序地给照管的树木浇水。这一幕象征着希望，意味着人们更加重视栎树、悬铃木或者槭树，不再仅仅将它们视为绿色的装饰。在许多地方，人们做出这些行为是出于对这些干渴的大树的同情。一壶接一壶，人们用浇水壶给树干周围一圈干涸的土壤浇下生命之水。不过这些水真的够用吗？

许多问题涌向我们的森林学院，人们向我们询问这些救助行为是否真的有用。要回答这个问题，我们应该先看看大自然有什么要说的。对干旱的土壤而言，一场降雨量在每平方米 10

升以下的阵雨几乎无法渗入地面。换算过来，这只相当于 1 厘米的水柱高度，很明显，水分几乎不能渗入 1 厘米至 2 厘米以下的土壤。不过即使是这么少的量，单凭浇水团体也无法达到，毕竟树根所在的位置可不仅仅是树干周围那一小圈。根据经验来看，树根扩散的面积一般相当于树冠直径的两倍。一棵成年行道树树冠的直径可以轻松达到 10 米，根系的直径相应就是 20 米。换算后树根面积就是 314 平方米，这样就很明显了：如果每平方米浇 10 升水，那总共需要超过 3 立方米的水。任何一个浇水团体都无法做到这点，而且还没有考虑浇的水并不能到达所有树根。

城市的特点就是大部分区域都被石子路和沥青覆盖，这些地面都是隔水的。通常只有紧挨着树干周围的圆形地面这少得可怜的一圈地方，是城市规划者留给树木的。那么偶尔向这个位置浇一满壶水还有意义吗？答案是明确的：当然有意义！你可以想象一下，你正在穿越沙漠，已经濒临渴死。你本来需要数升水，但所有的储备都已经耗尽了。这时如果有一个好心人给你至少一口水，那不是很好吗？而且这种浇水行为还能形成一种人与人之间的凝聚力，在我们的社会中引起更多的共情，从长远来看也会促进更多森林的形成。

另一种让树木回归和环境降温的办法是农林混合系统。虽然听起来很有技术含量，但实际却非常简单，就是让树木和农作物可以不同程度地混合在一起共同生长。这有许多好处，不仅对农作物有好处，对自然也有好处。

让我们先来看看农作物。大部分农作物在老树浓密的树荫下都无法茁壮成长，毕竟它们的祖先大多都来自草原，需要充分的光照。因此紧挨着树木会让农作物减产。然而，稍微离远一些后，其产量就会明显高于那些没有树的农田和草场的产量。原因在于树木为农作物挡住了风。没有了会将土壤吹干的夏风，耕地的表层土壤会更加湿润。而正如过去几年痛苦的经验教训告诉我们的，湿度是决定农业产量的关键因素。在干旱时期，甚至连树木的阴影都是有益的。只有在这些地方，草地在2018—2020年的旱季还保持郁郁葱葱，而且至少牛群可以在树下乘一下凉。

另外一个对农作物的益处就是所谓的液压提升，即树木可以为其他植物起到水泵的作用。

谷物、土豆和其他一些作物的根系都更多停留在土壤的上层。而恼人的是，恰恰是这层土壤最先干涸，你在夏天可以很容易在苗圃中验证这点。虽然上方已经全部干硬结块了，但常常再往下5~10厘米就能碰到湿润的土层了，根据不同的土壤结构，这一土层可以向下延伸多达数米。不过农作物和草类的根系无法到达这么深的区域。

相反，树木的根系要到达这里则没有问题。为了给自己提供足够多的水分，它们可以将更深处的水抽上来。毕竟成年的老山毛榉或者栎树的活体重量会超过 20 吨——要维持这一重量，它们在夏天每天需要数百升水的供应。因此树根会在共生细菌的支持下从土壤中抽取大量的水。白天这些水分会被树叶消耗掉，通过二氧化碳和阳光合成糖分子。不过大部分水分都通过叶片背面微小的气孔散逸到森林空气中，并给整个生态系统降温。

夜晚则相反，叶片关门歇业了。地上归于平静，除了一个例外：这个巨人的树干稍微有些肿胀，因为夜晚树叶不再需要水分了。[151] 树干中充满了液体，不过它总有满的时候——毕竟木质的树干并不能很好地延展。然而，树根在多数情况下并不会因此停止向上运输水分。为此，来自美国伊萨卡的康奈尔大学的托德·E.道森对原产自当地的糖枫树进行了研究。他发现，树干周围 5 米内的土壤夜晚会明显变得更加湿润。

液压提升对树木也有好处，因为土壤上层的腐殖质中含有特别丰富的营养物质。腐殖质是由腐烂的植物组织形成的，自然，这些组织主要是从上方掉落到地上的，然后在那里被蚯蚓和其他动物加工分解。在分解过程中会释放出许多营养物质，但这些营养物质只有溶解在水中后才能再次被植物吸收。因此树木会直接为自己准备水分——多么了不起啊。

此外，研究人员还在欧洲的阔叶林中发现了液压提升现象。他们对一片由栎树和山毛榉构成的年轻森林展开了研究。为模拟严重干旱的场景，他们用顶棚遮住了实验地，让土壤干涸。同时还在树干位置安装了探针，用来抽取向上运输的水分。之后他们通过管道向地底75厘米深处灌注了化学标记过的水，并观察树木会如何反应。对于根系更深的栎树来说，研究人员很快就在树干中找到了标记过的水，而在根系较浅的山毛榉树干中则没有找到。

虽然中层土壤仍然保持干燥，但6天后标记过的水出现在了上层土壤中。因此这些水并不是通过能让水沿着"灯芯"上升的毛细吸力到达上层土壤的，否则土壤应该是完全湿透的。尽管研究人员没有查明两种树之间是否进行了水分交换，但他们认为栎树可能在干旱时期为维护森林做出了重要贡献。他们最终无法断定山毛榉是否从中获益——因为测量仪器非常昂贵，这个法国研究团队一共仅对4棵树进行了研究。

他们认为上层土壤变湿后，受益的不仅仅是树木，其他植物、真菌、细菌和土壤动物等多种生物都能从中获益——它们共同维持了森林这个生态系统的健康，山毛榉自然也在其中。[152]

插入一个冷知识：天然的山毛榉森林并非完全，而是主要由山毛榉构成，其间还有许多其他树种，尤其是栎树。即使两种树木之间不一定会直接合作，但在气候变化的当下，它们之间可能会互相扶持。

　　说回到农田，这里对于树木来说有一个很大的问题。我们之前已经详细介绍过，树根在被压实、缺氧的土壤中生长有多么困难。可惜农田土壤基本上都被压实了——如今谁还用马匹工作？每平方米的土地都被重型拖拉机碾压过数百次，它们被压得很紧实。即便可以的话，要修复这种损伤也需要数千年之久。仅仅只有表层土壤能够通过霜冻（这时水的体积会增大，让土壤变松）以及体型各异的动物的翻动变得松散一点。

　　不过在这方面，托德·道森的研究结果为我们带来了希望。他研究的树木会通过强大的根系挤进压实的土层，在晚上从位于下方的土壤中向上抽取水分，然后在上方由较浅的根系将水释放给被松动的土壤。[153]

　　自然中的一切都不是偶然现象。向上抽取水分要消耗树木的能量。它们即使在夜晚也不停止这一工作，尤其在夏季干旱时，这一点会带来许多好处。它们将深层水抽取到大量根毛所在的区域，这些根毛密布在地表下方。这样在第二天早晨，树木就可以马上"吃早餐"了，即进行光合作用。此外，树木除了水分之外还需要营养物质，而这些营养物质会溶解在水中并立即被根毛吸收。

就像我们的花园向我们所展示的那样，树木在夜间润湿土壤是一个明智之举。如果你有个花园的话，那你可能也知道什么时候是给花圃浇水的最佳时机。答案是晚上，因为这时没有太阳，环境更为凉爽，浇的水不会立刻蒸发。水能够缓慢渗入土壤，然后在第二天早晨供植物使用。倘若树木要给自己浇水，那它何不也这么做呢？此外，只在夜间浇水也能节省精力，如果树木在白天这么做的话，那时光合作用和降温系统都要求它们开足马力，它们将不得不大幅提高抽水性能，而如果在夜晚的话就根本不需要这么辛苦。由此一来树木在白天和夜晚的抽水量会更加平均，只是目的不同。

如果我们将树木的这种优势利用在农业中，那么我们同时也会赢回一部分自然。成排的树木不仅能为鸟类提供住所和食物，还能为许多其他动物提供栖身之地和食物。被榨干的农田也能通过树木重新获得一些野性——仅这一点就已经值得了。

如果树木的优势已经如此明显，如果我们清楚传统方式在森林中已经失败，那为何要等待这么久才做出改变呢？只是因为我们总是倾向于等待由强硬派发出最终的指令吗？

所有人都必须加入吗?

2020 年秋天,我们在环保人士圈内讨论了什么样的经营理念可以作为典范。我们认为,在人工种植林濒临崩溃、人们匆忙地"清除受损木材"以及进行随之而来的重新造林的背景下,拥有一些不同的案例作为试验和观察的对象是非常好的,而且生态的经营方式应该被记录下来以供参考。在讨论过程中,有人提出在过渡阶段是否允许使用全功能收割机的问题。单是提出这一问题就已经让我感到愤怒了,因为某些环保团体对于传统林业的妥协态度在过去几十年里并没能阻止木材收割问题愈演愈烈,而且结果恰恰相反。重型机械在 1990 年左右才开始兴起,此后砍伐一空的林地面积只是偶尔稍有回落,目前该范围已经达到几十年来的最大值。在此背景下,虽然林业公司想要改善形象,但他们并不想坚定地放弃对土壤的破坏,因此我认为体谅他们是不合时宜的。在讨论中有人提出,最终应该让所有人都参与进来——对森林来说,这一策略是注定要失败的。

将所有人都纳入进来意味着要适应最慢的人的步伐。让最后一个怀疑者加入进来意味着什么？我们在过去几十年制定环境政策时深有体会。尽管技术不断革新，但全球二氧化碳排放仍然持续升高，即使是新冠肺炎疫情也没有为此带来方向上的决定性改变。

非政府组织在森林方面的成果是清晰但有限的。尽管各种对话不曾停息，甚至还夹杂了猛烈的抨击，但林业经济体系并没有向好的方向发展。正如上文已经提到过的，如今我们砍伐空地的面积是几十年来最大的。尽管所有的联邦州都在指导方针中制定了反制措施，但结果仍然如此。当然也有几片森林的经营方式堪称典范，例如汉萨古城吕贝克的森林。然而这几片森林对于目前林业经济的状况也无异于杯水车薪，如今的林业经济更多地使用大型机械，甚至用直升机来喷药，其经营方式正变得越来越野蛮。

更关键的是，没有人对错误进行反思和讨论。因此重要的不是划分责任，而是先承认当前方式的失败。可我们还没有认识到这点，责任都被归于气候变化了。而且，即使是在森林漫步的外行也能看到，林业经营已大范围失灵，因此这些绿色森林的管理者散播了传言，企图说明林业经济过去为什么要这样经营。

许多针叶林濒临死亡，林业经济的有关人士则宣称责任在于前人。他们在二战之后必须为经济重建提供木材，因此培育了由云杉和松树组成的大型单一树种人工种植林。如今人们还在培育针叶树种植林，而且这一做法也有一个较为悠久的传统。美国林务员兼环保人士阿尔多·利奥波德在 20 世纪 30 年代访问了德国，那里是他祖先的故土。当时他发现，备受推崇的德国森林主要由非天然的针叶树种植林构成，这些森林中的野生动物都被当作了猎物，他将这一灾难命名为 "German problem"（"德国问题"），而这一问题至今仍然存在。

根据 2012 年进行的联邦森林总量盘点，备受称赞的转向天然森林的改造几乎没有发生。我们最重要的树种——山毛榉和栎树的数量只占 15% 和 10%。如果森林改造真的自几十年前起便如火如荼地进行，那么在最新的森林总量中，应该能找到许多 20 岁以下的此类阔叶树。然而，事实还差得远呢——在盘点中其份额只占 12% 和 6%。[154] 自阿尔多·利奥波德的时代以来，林业经济至多只能算原地踏步。

要如何解开这个死结呢？通过砍伐，或者像吕贝克城市林务局主任克努特·施图尔姆在一个广播节目中所说的那样："把森林从林务员手中夺过来！"[155] 我们当然不能这么激进，但我们的绿肺迫切需要经过不同训练的工作人员来维护，这条道路是漫长而坎坷的。尽管如此，我们中的一些人仍然会很快踏上这条道路，这一点我会在下一章进行详细介绍。对于许多森林地区来说，这一清风来得太晚了，因为一旦所有的老树被砍伐，森林将需要几十年到几百年的时间才能再生。我们已经没有这个时间了，我们应该使用另一种民主方式来保护树木：法律行动。

萨克森州绿色联盟和 NuKLA 这两个自然保护协会向我们展示了，我们在帮助森林方面能取得多大的成功。他们把莱比锡市告上了法庭。诉讼的起因是当地人在河岸森林砍伐树木，这一森林是中欧现存最大的森林之一，它覆盖了河流、水库和运河周围 25 平方千米的区域。你也可以料到，这里的林务员和城市专家试图通过勤奋地砍伐森林来帮助森林。由于莱比锡河岸森林是一个欧洲层面的保护区，如果没有进行环境耐受度评估，这种事情是不允许发生的，而这恰恰是两个环保协会起诉的出发点。2020 年 6 月 9 日，他们在包岑市高等行政法院获得了一项具有里程碑意义的裁决：林业管理部门必须立即停止目前的砍伐行为，并在之后对其砍伐措施进行彻底审查。这些措施必须服从于保护区的规定，并与两个环境协会商议。[156]

说到这里，我还要再提起"神圣大厅"，这个拥有德国最古老的山毛榉林的小范围保护区，其周围同样是享有欧洲法律保护的森林。法律规定不得使这些森林的状况变差。但当地林业局的人对此并不在意。他们在那里砍伐了许多老山毛榉树，以至于该地区的大部分地方现在就像一片灌木丛。不幸的是，这也给"神圣大厅"带来了戏剧性的后果。它的面积太小了，仅为 67 公顷，无法在炎热的夏季进行自我降温和加湿。因此需要依靠保护区周围的大型森林带，而这个森林带现在已经被严重破坏。

在一份法律鉴定的帮助下，埃伯斯瓦尔德可持续发展大学的皮埃尔·伊比施教授查清了事情的真相。当地林业局没有理会律师的信件，于是我们在 2020 年 12 月通过我的社会媒体渠道公开了这一事件。有两家电视台进行了跟进，当地日报也进行了报道。之后梅克伦堡－前波莫瑞州的环境部部长巴克豪斯也开始行动了，他希望能避免对旅游区造成损失，便与我们安排了一次在线会议。会议结果是，要在整个地区禁止伐木，并成立了一个工作组，讨论扩大保护区的问题。

对我来说这是一个很好的例子，它说明我们单个个体并非那么无能为力。而若使用社交媒体的话，只有当这些报告在社会上引起了巨大轰动（或者说获得了许多"点赞"）时，才能成功——因此每一次点击都很重要。

在背水一战的情况下，林业经济还有最后一个论据，即木材保证了就业。在疑虑未被消除时，这一论据会激起巨大的情绪反应，让人不能理性思考。无论我走到哪里，我都会听到这种说法。无论是在加拿大、波兰、瑞典还是德国，这种说法都被用来为最野蛮的砍伐行为进行辩护。也许你还记得退煤过程中的小插曲：退煤激起了人们的恐惧，人们在煤矿地区发起了抗议，因为这关系到他们当前的生计。但事实上，如果我们继续像以前那样，我们都会受到更大的损失。在如此激烈的气氛中，我们更难解释清楚这一点。最后政府只好向煤炭行业支付了数十亿美元的款项，才让事态恢复了平静，并确定了退煤的目标（尽管该目标非常遥远）。这看起来似乎也是其他破坏气候的行业的未来，例如林业。

林业从本质上讲是一个非常小的经济部门，其重要性也相应地低于大型火力发电企业。然而，如果我们考虑到森林的降温和增加降水的效果，其活动对当地气候的影响要比其他部门大得多。重要性低，但负面影响大，因此我们有理由认为，我们可以很快在这一领域达成政治共识来阻止这些破坏行为。面对如此困境，国家林业管理部门的做法与即将被鸟类吃掉的蛤蟆一样，它们挺直身子，把自己的身体极大地鼓起来，好让自己看起来更强大。而在这一领域，这种把自己鼓起来的行为是利用林业和木材业集群实现的。

这一集群是一个抽象的组织，是整个行业的虚拟集合。这一行业太小了，所以他们直接把所有跟树相关的人士都算进来了。林业工人、林务员和锯木厂工作人员，都被算进这个群体中，这听起来还算合乎逻辑。这些职业加起来大约有 11 万名雇员，相对于整个劳动力市场来说，这是一个非常小的群体。为了增加政治分量，他们直接将家具制造业、造纸业和整个出版业等巨无霸行业也加进来。有一个小插曲：这些行业在加入之前，根本没有被问及它们是否想参与其中。我很喜欢找乐子，每当我去出版社谈事时都会问那里的人一些问题，而到目前为止，我所交谈的人中没有一个知道他们是林业和木材业集群的一部分。

将这些一无所知的经济巨头纳入麾下后，该集群旗下的雇员人数增加了 10 倍，达到 110 万——这就对了！[157] 这就形成了一个政治上很有分量的团体，现在就可以用就业岗位这一理由来反对森林保护了。毕竟，每一棵没有被砍伐的树都意味着工作岗位的损失。

正如戴维·铃木告诉我的，加拿大的伐木工人对此说得更直接。这位加拿大最知名的环保人士曾到温哥华岛的一个伐木工营地进行拍摄。突然间，三个巨大的家伙从森林中走出来，试图赶走这支队伍。但随后他们的谈话出人意料，戴维说："没有一个环保主义者是反对伐木的，我们只是想确保我们的子孙后代仍然有强壮的树木可以砍伐！"其中一个伐木工人打断了他："我的孩子不会成为伐木工人。到那时就没有任何树木了！"[158]

对于章节标题中的问题，我个人的回答是：不，我们不需要让所有人都加入。如果我们还等着说服最后的强硬派，就会把必要的改革进程淡化到不可接受的地步。这些强硬派过去曾有几十年的时间来证明他们能够负责任地处理人民托付给他们的森林，可他们并没有成功，森林的现状清楚地证明了这一点。对于那些错了这么久且错得这么彻底的人，有两个选择：要么承认错误并改变自己的行为，要么承担个人后果并让其他人用更温和的方式陪伴森林再生。

我们没有另外几十年的时间来观望这群人是否能成功地改变一切，让一切变得更好。森林需要清风带来新鲜空气，这只能通过改变整个管理系统来实现。

而现在，清风已经吹来！

清风

现在是时候改变林业系统了。还有什么比从内部对系统进行更新更好的方法呢？不过这对我这个年龄的"老狐狸"来说效果并不好，所以我们为何不从一开始就对年轻人进行不同的教育呢？虽然各所大学肯定有不同的看法，但到目前为止，在德国只能学习传统的林业。整个培训、学习课程和随后的预备性服务或在地方州林业局的实习，都主要是为公务服务做准备，而不是为全面的森林管理做准备。国家林业管理部门甚至通过林业领导人会议对教学内容进行强力干预，该机构由联邦和州林业局的负责人组成，他们会定期就跨区域任务的共同协作进行磋商。针对林业教学，林业领导人会议制定了对未来毕业生的要求清单。除了木材市场之外，公共森林管理部门也在这个领域的劳动力市场起主导作用，他们所施加的压力是不言而喻的。

他们的干预可以通过几个词来体现，这些词展示了他们把森林主要当作一个原材料工厂的思维框架。

例如，他们不说种植针叶树或阔叶树，而是说"插入针叶木材或阔叶木材"。你可以试一试，木材根本不能种植，木板插入地下肯定不会发芽。这种说法就像一个养猪的人宣称他是在猪圈里放置肉排一样。

即使后来，当树木已经长得魁梧高大时，森林也不会被描述为一个生态系统。这里最重要的指标之一是每公顷的木材存量，即以活体树木形式存在的木材数量（单位为立方米）。因此，森林只不过是一个大仓库，林务员是其管理员。他们要判断货物的存量是否足够多，不够时要通过种植来补充，还要看哪些能收获了。"达到采伐成熟年龄"是对老树的称呼，就像草莓成熟后就可以且必须收获了。与变红的草莓不同，被称为达到采伐成熟年龄的树木往往还没有达到其自然寿命的1/3，它们更像是绿色的水果。采伐年龄是由行政法规规定的，并根据木材市场的需求而波动。粗壮的老山毛榉和栎树都是自然界中的奇迹，却还要被评估，并在达到一定直径后被分配到"最终用途"，即死亡，这二者之间的联想太糟糕了。

不仅是在教学中为了减轻良心的负担而讲一些故事，许多林务员也会为他们在古老森林中的伐木作业进行辩护。他们说这不是为了获取木材，本来法律也不允许伐木成为他们的工作重心。不是的，他们只是为了帮助那些可怜的小山毛榉，它们在母树的树荫下无法正常生长。他们称这种附带严重损害的原材料开采是为了"让森林变年轻"。即使对树木来说，帮助年轻树木听起来也比破坏古老的根系网络更好。将所有伐木措施都归在"森林维护"这一概念下，几乎可说是一种讽刺，就像屠夫声称他们是动物饲养员一样。

那些在整个学习过程中一直被灌输森林是木材生产机器的人，会对自然的奇迹变得麻木不仁。因此，当大型收割机把地上地下的东西都碾压个遍的时候，这对他们来说就不是什么大事了，而大量生物质的消失也几乎不算什么。我的瑞典朋友塞巴斯蒂安·基尔普发现，毕业后这些学生对濒危物种的认识极其贫乏，这点也一再得到证实。他向林业企业员工展示了一些极其罕见的物种，如某些苔藓会出现在什么地方。虽然遭到来自林业的阻力，但经过塞巴斯蒂安的努力，已经有许多林区被设为保护区，他也因此成为瑞典最受人讨厌的环保主义者之一。

同样不利的是，森林所有者在遇到问题时很难得到第二种建议。大多数独立的林业专家都经受了大学教育，然后经过国家林业管理部门的打磨，他们总是几乎一字不差地重复这些管理部门的声明。

对此，我自己就在我们韦尔斯霍芬的林区有亲身体验。当时我们希望由独立专家在这里完成2018年法律规定的森林盘点。各州的盘点按规划仍然是在同龄树森林中进行的，即在统一的、类似种植园的森林中进行。我们希望韦尔斯霍芬能避免这种情况，因此市政府根据渥雷本森林学院的建议，决定聘用独立专家。但他的结论却让人大失所望。在一次重要的会议上，他明确告诫市议会，在森林学院的影响下，韦尔斯霍芬的森林正越来越多地向落叶林转变，而针叶林在退缩。为了不完全失去与其他林业企业的联系，他建议多种植云杉和花旗松。他还建议在古山毛榉林中加紧砍伐。请注意，那是在 2018 年 5 月，不久后就发生了三次创纪录的旱季之中的第一次，云杉种植林到处死亡，预示着这一树种在林业上的终结。毫无疑问，地方议会没有遵循他的建议。

数年来，那些思想开放的林务员一直在讨论，我们需要开设一个新的生态森林管理专业。林业需要一股清风，来为就业市场提供另一种选择。我们森林学院也很早就有这个想法了，但对于我们这个初创企业来说，它并非最紧急的事情。

最终让我下定决心做这件事的动力来得相当偶然。2020 年夏天，GEO 杂志编辑部主编延斯·施罗德和马库斯·沃尔夫率团拜访了我。他们想参观我们的新建筑，一起吃顿午饭并讨论《渥雷本的世界》这本杂志的现状。主要是谈谈该杂志的未来，以及在杂志市场普遍不景气的背景下，我们的进一步合作会受到什么影响。与大趋势相反的是，该杂志发行得相当好（万岁！），且承诺将在 2021 年继续出版发行。谈话是在当地旅馆的露台上进行的，不仅是为了遵守防疫要求而在户外聚集，也是为了能看到阿伦山的风景，这座休眠火山的山顶被古老的阔叶森林覆盖。当我们在晚餐后喝着咖啡赏景时，延斯·施罗德问我未来还有什么梦想。

说实话，我已经不记得我当时的答案了，但在会面后的几个星期，他给我写了一封邮件，说他愿意参与我开设一个自己的专业的梦想。同时他也提出建议，我们将与皮埃尔·伊比施教授一起寻找赞助商和大学，然后就着手去做这件事。看到这里，我像触电般震惊了，因为我突然意识到，这个梦想已经触手可及了。

了解我的人都知道，我一直是说干就干的人，只要想法能真正带来进步，即使它很疯狂，我也会快速付诸实践。在20世纪90年代末，我曾在森林里组织野外生存训练课程，目的是用课程收益来拯救我家乡地区的老山毛榉林。它们本将成为电锯下的亡魂，但我设法说服了市长，用别的方式来补偿木材收入的损失。尽管遭到旅游局拒绝，我的林业主管部门也略感恼火，顶多算是容忍了我的行为，但"艾费尔山区求生"活动仍然取得了成功。一个林务员带着他的嘉宾在森林里漫游数日，其间以树根和昆虫幼虫为食，这正是许多电台报道的好素材，也可以给地方政府打广告和带来收入，让我省了一片心。

不过建一个自己的学科专业是另外一回事，它带来的好处也是完全不同的。我们先来看看有什么好处。最大的好处就是这样一门专业的存在本身。如果它被称为"生态森林管理"专业，那其他的林业专业算什么？它们将被推到保守的角落里，走向公众意识中传统农业的位置。

出乎我意料的是，我们很快就找到了慷慨的捐赠者，他们承诺资助一个协调管理员和两个基金教授[*]的岗位。这样我们要寻找的大学就几乎不用负担任何费用了。

要在哪里开设这样一门专业呢？当然是在一所致力于创新和生态的大学，因此我们选择了埃伯斯瓦尔德可持续发展大学。它是德国最小的大学之一，但在林业方面有着叛逆的传统。说做就做！我们在 2020 年 12 月举行了初期会谈，随后发生的事情就像捅了马蜂窝一样。与院长和校长的意愿相反，相关专业的人甚至不想讨论这个问题，同时各种机密信息也被泄露给了外界。随之而来的是可耻的内部和公开的声明，我们的计划迅速在专业圈子里被公之于众，甚至扩散到了圈外。延斯·施罗德对此起草了一份严肃的报告，因为这也是我们计划的一部分，要让社会广泛讨论森林以及对森林的利用。

该行业之所以做出如此可耻的防御性反应，主要是考虑到公众对其专业设置看法的恐惧。在提供林业课程的学院和大学的联合声明中，签名者提请中止该项目——根据他们的说法，

---

[*]　德国企业可以参与大学的师资建设，资助大学设立基金教授席位。

生态学已经是现有课程的核心组成部分了。如果情况确实如此且我们的新专业是多余的，那么这些开设传统专业的人大可以放宽心，静静看着我们的新专业因缺乏需求而消失。此外还有一个讽刺的细节：根据声明，所有的专业和大学都签字了，似乎整个行业都持排斥态度。[159] 但幸运的是事实并非如此，其中几所大学给我们的反馈令人鼓舞。

年轻学子也会产生巨大的忧虑。他们现在是否选错了路？如果这群传统教育培养出的学生，突然发现自己要面对来自我们专业培养出的竞争对手时，会发生什么？出于恐惧，他们往往会放大想象中的危险；而实际上我们当前规划中的专业每年仅有 20~30 个名额。

尽管我们之间并不存在对抗，但我们仍就这些担忧进行了探讨。传统林业这条漫长而又充满破坏性的旅程已经走到了尽头，这尽头如此清晰，任何人只要在外面砍伐过的空地上看一眼便会知晓。森林给传统专业打出了最诚实的成绩单——要么他们仍然过分依赖种植林经济，要么没有人能恰当地应用在大学获得的专业知识来改善森林的现状。若要树木给他们出一份成绩单，那结果将是不及格。现在正是全面改革林业教育的时候了，要让年轻人做好充分准备，彻底改变林业的观点和管理方法。幸运的是现在还不算太晚，因为尽管受到了种种破坏，森林生态系统仍然灵活而强大。

森林回归

我故意把积极的消息放在了最后——只要我们放手，森林就会回归。

即使此刻树木仍在遭受痛苦，但至少对于那些如今仍有森林存在的地区来说，失去的森林终将回归。在任何时候，森林都要具备再生的能力，因为每隔百年或千年就发生的灾难总是伴随着它们成长。就一棵树的生命而言，不同的地区灾难频率各异，或十分罕有，或频频发生。例如北美东部的阔叶林至今仍然受到严重摧残，因为这里的山脉大多是自北向南延伸的。来自南方的暖空气和来自北方的冷空气相遇后形成的风暴可能会带来尤其严重的袭击，但这里没有像欧洲阿尔卑斯山脉那样的横贯山脉。因此即使是由山毛榉、栎树和枫树组成的森林，树木在被下一场风暴刮倒之前，树龄也往往不超过 100 岁。

欧洲的情况就有所不同。这里原始森林中的阔叶树在倒塌之前，往往能活 500 年或者有幸活得更久。范围达到数公顷的风暴非常罕见，只是偶尔发生。只要在这个过程中不受人打扰，树木的群体就能再生。

但仍有许多人抵制这种免费的（自我）帮助。一些种植林所有者为了坚持他们所喜爱的针叶木材生产而进行的绝望斗争几乎令人感动，至少在森林方面可以说是这样的。多年来，我一直在观察我所在林区附近的云杉林的衰败过程，这一例子很好地展示了林业的整体困境，但同时也展示了新的机会。

2018年夏天，小蠹虫造访了种植林边缘的一个小角落。即使在远处也能发现，垂死的云杉树冠颜色耀眼，它们的针叶在与死神的搏斗中由绿色变成了红褐色。你现在已经知道了，最明智的做法是至少让完全死亡的树木留在森林——面对死亡的树木，小蠹虫根本无从下手。然而，森林所有者砍伐了树干进行清理。第二年冬天，一场中等强度的风暴席卷了这块土地。小森林边缘清理树木后形成的洞为风暴提供了一个良好的袭击点。饱经风暴洗礼的边缘树木能够起到类似防风堤的作用，但此时它们已经消失了，后方云杉树摇曳的树冠也失去了横向的支撑。因此最终又有数百棵树倒下。到了春天，森林所有者又再次进行清理，移走了倒塌的树干，让地面变得整洁。但衰败已经开始了。又过了一年后，剩下的大部分云杉也在深冬的风暴中倒塌在地。

与此同时，德国的木材市场已经崩溃——因为许多森林所有者遭遇了类似的情形。此外，小蠹虫还袭击了仅剩的一些残余种植林，而这只会刺激这位森林所有者更加匆忙地进行清理。

最终这片地区被砍得一干二净，徒留被风暴掀翻在地的一个个树桩。彼时本应该是反思和改变的好机会，但是没有，他们还是要种云杉，还要和花旗松一起种。当时我脑中就闪过一个念头：人怎么能如此无知呢？

2020 年春天，一排排笔直的针叶树沿着山坡向上延伸，其间点缀着正在发芽的阔叶树和许多草本植物。大自然仿佛想要羞涩地引起人们的注意，并提供免费帮助。但这个森林所有者却不管这些，他要为每一棵针叶树而战。暮春时节，他将云杉树苗从郁郁葱葱的植被中解放出来，小心翼翼地砍掉了树苗间的所有绿色植物。大自然的回应很快就来了。先是许多针叶树的嫩芽在 5 月中旬的晚霜冻中被冻死了。原本树苗旁边的草本植物可以减轻严寒，但现在它们已经不在了。之后的天气变得更加干燥炎热，而这时幼苗又苦苦渴求一丝阴凉。因此许多树苗在种下去的当年就已经死亡了。而大自然的馈赠，那些成千上万的杨树、桦树、柳树或山毛榉则并未如此。

这场闹剧还没有结束，却仍有一些希望，因为大自然还有时间。即使森林所有者拒绝接受针叶树经济不可避免的失败，再次让人种植针叶树，大自然还是会不断提供帮助。每年都有新的阔叶树发芽，尽管面临气候变化和夏季干旱，它们仍不顾一切地生长，向人们证明它们是一种免费的、更好的选择。尽管砍光树木的行为会让人心情不好，但每次看到这种场景我都会微微一笑。

考虑到大多数森林所有者都遵循来自传统林业经济的建议，这个人的行为其实并不令人惊讶。即便是联邦食品和农业部森林政策科学咨询委员会主席于尔根·鲍胡斯教授，在 2020 年也显然不相信大自然可以在数亿年后自行重建森林。在接受《斯图加特报》采访时，他说的一句话可以概括整个困境，也集合了保守的林业科学的傲慢："它（指科学咨询委员会）根据经过科学证实的结论起草报告，不能用诸如大自然的自我修复能力这种没有证据的叙述提供政策建议。"[160] 这句话值得我们细细品味。关于森林问题，最重要的委员会顾问向政治家们建议说大自然已经——通俗一点讲——不行了。如果真是这样，那没有人去建设森林的话，森林就会消失。那一望无际的西伯利亚泰加林或亚马孙雨林怎么可能仍然存在？在这种态度下，林业最终也变得自命不凡起来。考虑到气候变化给我们带来的挑战，我们需要更加谦逊。

森林回归的力量有多么强大，你可以在花园中或者城市里亲自进行观察。你往花园苗圃中瞧瞧，就会发现那里总会出现小树苗。如果你不照料花园，那里将在十年内成为一片年轻的森林。那些在屋檐上或墙壁上发芽的桦树种子也展现了树木的生存意志，尽管面对最严酷的夏季干旱，它们仍然能够坚持下来。

在一次森林学院举办的活动中，我正在等待一伙人，那时我突然茅塞顿开。当时的集合地点是韦尔斯霍芬的烧烤屋，它位于该市的休闲区。在停车场旁边，有一个无人问津的网球场，明显已经没有在使用了。在 2018、2019 和 2020 年这三个干旱的年份里，似乎没有人再去关心它，这让一大批小树觍着脸趁虚而入。成百上千的小树在干燥结实的沙土里扎根，尽管烈日当头，它们的根却深深扎入地表，在那创纪录的三年干旱中毫发无伤。若在这种极端不利的条件下也能长出新的森林，那么我对未来并不太担心。当然，我们必须遏制对资源的消耗，并终止向空气中排放大量温室气体。当务之急还包括给大自然更多的空间，以阻止物种灭绝。而关于大自然和森林能否恢复的问题，网球场上勇敢的小树苗们已经给出了相当有力的回答。

这些树苗具有宝贵的优势，它们最适应当地的气候，并具有广泛的遗传多样性。苗圃中的苗木来自一些受到认可的育种基地，或者换句话说，它们来自那些树木都按照林业所期待的方式生长的小树林。树木笔直纤细，树干上很少有粗大的树枝，这样就可以很容易地加工成木板和横梁。可以说，它们主要是根据视觉和工业品质被挑选出来的。这些树木之间的社交能力如何？它们的学习能力又如何？这些因素在选拔中并未被考虑到，这让我想起了人类的智力测试，它测试人的逻辑思维，但不测试社交能力。

野生小树对于林业来说可能并不总是长得很好，但它们有很好的生存能力。这也使得它们成为我们人类更好的选择，因为在未来我们更关注的将不再是能生产多少木材，而是森林是否还存在的问题。

在我做向导的多次森林之旅中，有一个问题被反复提及：这样一片野地有可能再次发展成原始森林吗？还是说这是不可能的？毕竟人类用收割机将许多土壤压实到无可挽回的地步，这些土壤会阻碍林木原本根系的生长。此外，许多物种（特别是像细菌这样非常小的物种）肯定已经灭绝，人类没法为这些物种找到替代物。而且即使没有这些限制，也还缺乏真正的老树，缺乏死去树木粗壮的树干。简而言之：我们是否在追逐一个海市蜃楼般的目标？

我不这么认为。相反，我认为我们应该直接改变我们看问题的方式。即使在有利的条件下，原始森林也需要至少一代树木的时间来生长，且要远离人类的主动干扰，不受砍伐。根据树种不同，这个时期可长达多个世纪。这对没有耐心的生物来说是个坏消息，而我们人类就是其中之一。此外还有对这种计划可行性的怀疑——这听起来可不像是能调动执行力量的解决方案。然而，真的非原始森林不可吗？用荒野代替怎么样？德国权威词典《杜登》将"荒野"定义为"不可通行的、未开垦的、无人居住的地区"。如果再加上"未改造",那我们就有了：自然！自然是已开垦土地的对立面，是我们几个世纪以来费尽心思所改造的事物的对立面。一旦我们撤走，就像我在韦尔斯霍芬的网球场案例中描述的那样，同样的事情就会到处发生。森林将重新夺回其祖传的土地。我们还这些地区以安宁的时间越长，它们就会变得越接近荒野。

比起自然这个称呼，我更喜欢荒野这个词，因为荒野在情感上更加强烈——它立马就能让人联想到自由和冒险。而且它比当局的术语更诚实：根据联邦自然保护局（BfN）的数据，德国有 8 833 个自然保护区，占总面积的 6.3%；另一个类别，即 Natura2000 地区（欧洲的一个自然保护区网络），在德国的覆盖面积甚至更大，即有 15% 的面积被认为是为自然服务的。[161] 而在"神圣大厅"古山毛榉林的例子中我们已经了解到，情况并非如此。许多保护区，甚至是国家公园都面临着相似的问题。在这种情况下，自然这一概念被泛化和滥用，导致人们对这些自然保护区的期待只停留在纸面上：在那里，人类应该完全收手，停止干预。

荒野则不同，大家对荒野有一致看法，即荒野确实应该被抛弃。因此，它是一个很好的尺度，用来标明我们实际上想留给野生动物多少面积。对德国来说，这一标准在 2020 年为总面积的 0.6%。因此，实际上只有 0.6% 的土地做到了其他保护地类别规定要做的事情，即真正的保护。政治上设立的目标是到2020年这一面积比例要达到2%。[162] 这同时表明，到目前为止，在所有其他保护地类别中，人类的利益仍占优先地位，相关限制也往往是轻微的。例如即使在国家公园里也允许砍伐树木，而且与经济林相比，砍伐规模甚至更大。这些木材随即被卖给附近的锯木厂，导致保护区内宝贵的生物质流失。

因此，请重视荒野这一概念——其他概念往往都是虚假包装。

森林学院的保护项目也经历了类似的观念转变。最初该团队试图通过租赁模式让残余的、功能基本完整的古山毛榉林退出经济活动，以让其尽快恢复成原始森林。

此类森林的所有者主要是地方乡镇，它们可以因为不再在保护区内砍伐木材而获得经济补偿。慷慨的租金就相当于林业经济的收益，但不需要它们砍伐任何一棵树。每公顷租金的总和超过了砍光所有树木后产生的木材收益。在租赁和砍伐这两种情况下，收到钱后的未来几十年都将没什么可赚的了。不过在租赁模式下，森林得到了保护，森林所有者可以立即收到钱，还能额外获得利息，且这一切都与木材市场无关。目前我们已将该目标扩展到所有森林。只要我们允许大自然重新形成真正的森林，那么最终死亡的云杉种植林也能形成荒野。当然前提条件是死亡的云杉仍留在森林中。这样它们的枯木能给年轻的树木降温，灰白的树干至少还能提供一些阴凉。此外，回到野生状态的云杉种植林，也包括年轻的阔叶林，还能在古山毛榉林周边形成气候缓冲带。

一个经常被问及的问题是关于微小生物回归的，它们对森林生态系统的运作起到了重大作用。对于如角螨或弹尾虫之类的土壤居住者，这个问题已经有了答案，要感谢云杉和松树种植林的存在。这些树种在欧洲大部分地区并非原生物种，因此当地环境中没有专门针对这些树木的物种存在。在我的林区进行的调查表明，即使在这些种植林中，也发现了明显喜欢酸味针叶的小昆虫。这些曾属于种植林地区的物种结构明显有别于受保护的古山毛榉林中的物种构成。

不过这些小东西是如何前往适合它们的森林的呢？最有可能的是通过动物。野猪会在泥泞的地面打滚，来清除皮毛上的寄生虫。而在这个过程中，它们也粘上了偷渡者，在下一场泥浆浴时，它们又会把这些偷渡者扔到其他地方。弹尾虫和角螨当然不能在这种方式下生存，但它们还有一种更温和的运输方式：鸟类。像野猪一样，长满羽绒的鸟群喜欢洗灰尘浴，以摆脱不速之客。此时它们会躺在地上，展开羽毛，用翅膀向羽毛之间抹上灰尘和腐殖质，这一过程可能持续数分钟。之后这些鸟儿会再次使劲晃动自己，然后就启程飞往下一片森林。这样它们身上就会携带一些旅客，在下一次灰尘浴中这些旅客又被带到其他地方。

更小的旅行者是细菌和真菌。没有它们，树木就不完整——想想共生功能体，即树木（我们也一样）与成千上万的微生物一起形成的生态系统。除了通过动物运输外，这些微小生物还有一种更好的回归手段：风。风把真菌的小孢子吹离地面，并把它们运到各地。例如环境科学家巴拉·乔杜里博士领导的团队，甚至在一栋位于芝加哥的五层大学建筑的屋顶上，在 12 个月内检测到了 47 000 个真菌孢子。这些孢子来自与土壤中的植物根系合作的物种，这就有些不同寻常了，毕竟与生长在地面上的真菌不同，这些地下物种不能很好地传播孢子。然而，被发现的物种中有很大一部分来自农田，这些土地在犁地时会释放灰尘和孢子。[163]

当然，森林里是不会存在犁地活动的，而且恰恰相反，这里的树木会用它们的根来确保土壤被固定住，不会被风带走。不过这些真菌已经准备了预防措施，它们会像生长在草地和牧场上的同类一样，形成子实体，从中释放出无数的孢子，随风飞去。你甚至可以自己观察到这些孢子，你可以采下一个菌盖在白纸上放一夜。第二天早上你掀开菌盖时，就会发现它的菌褶或茎秆区域变成了棕色，这正是夜间释放的孢子粉。

此外，我们每时每刻都在吸入这种孢子粉，甚至现在你在阅

读这本书的时候也是如此。平均每立方米空气中飘浮着 1 000~
10 000 个孢子，每次呼吸时最多会有 10 个孢子被吸入肺部。[164]

要让生长在原始森林中的真菌的孢子能够迁移，首先要有原始森林。这就是为什么保护欧洲最后的原始森林如此重要。我们必须持续保护那些不再原始，只残余一些类似原始森林的地区，如"神圣大厅"。真菌、细菌和所有微小的土壤生物都可以从这些孤岛出发，通过空运到达新的年轻森林。在那里，它们可以帮助树木重新建立起自己的生态系统。

森林的回归让人非常兴奋，并会再次向我们清晰地展示：自然是变化的！我们让钟摆离开原点越远，当我们再次让它运动时，它就会越猛烈地摆回来。同样的道理，当自然被允许做它想做的事时，它也会这样。尤其在"运动"较多的地方，变化就特别明显。一片农田在几年内又被年轻的树木所覆盖，一片年轻的森林中，杨树和白桦树每一两年就会长高一米，这些你都可以在散步时观察到。当前，非自然的种植林的崩溃尤其引人关注。如果我们不在那里做任何事情，以前的绿色沙漠将再次变成绿色的荒野——正是在这里，每年都会发生极大的变化。首先是云杉和松树的松针纷纷落下，让这里变成一片褐色的荒地。最迟一年后，这里整个地面都将被草类、草本植物和成千上万的小树苗覆盖。再过一年，就会有一些小阔叶树长得高过其他植物，开始为地面遮阳。5~10 年后，年轻的森林已经覆盖了整个地区。草类、草本植物和灌木会逐渐消失，因为对它们来说这里变得太暗了。在桦树和杨树中间，间或有几棵栎树、山毛榉或枫树开始冒头，追赶之前先长出的树种，然后超过它们，并在几十年后完全占据主导。

如果你想在家门口的森林里记录这个过程，我建议你定期从同一位置拍摄照片。可以是一个显眼的岔路口或一个有特殊视角的位置，这样即使多年后你也能认出来。树木是缓慢的，但在图片记录下，自然的发展很快就会变得清晰。

做这些干什么呢？为了激励我们！如果我们能亲身体验到事情是如何再次变好的，就会重新获得对未来的勇气。我并不是要故作乐观，我们完全有理由相信，森林能够应对我们给它的挑战。唯一重要的是，我们要最终认识到，树木本身才是最了解如何重建其先祖的生态系统的。

科学家们最近宣布了一个新的地球时代——"人类世"。我们应该结束这个地球时代。这不是说人类应该消失，或者是我们的文明应消失，而是我们应该把自己重新融入自然循环，我们应该再次给地球上的其他同伴足够的空间，这样它们也可以无忧无虑地展望未来。大面积的森林回归，回到它们曾经覆盖大部分大陆的样子，将是一个充满希望的迹象。在减少肉类消费的例子中，我也说明了这将是可能的。我希望能在不久的将来宣布我们进入了下一个时代：树木的时代。

　　在本书的最后，我想再次引用本章的标题，并附上电影《树的秘密生命》中的句子，因为只有在这句话中，我们才能清晰地看到问题所在。"森林会回归，只希望那时我们都还在！"

森林里的未知之物与注意事项
——皮埃尔·伊比施的结束语

温和一点说，人类造成的气候变化正让一切变得混乱不堪。它对我们所知的世界构成了巨大的威胁。几十年前，当科学家们开始更深入地思考由人类温室效应引起的气候变暖对自然界可能意味着什么时，这些风险仍然是抽象的。人们不知道会发生什么。而近年来，这些问题已经成为现实。许多地区发生了森林危机。整片土地干涸，火灾频发，数百岁的树木无法承受长达数年的干旱而突然死亡，炎热干燥的空气损坏了敏感的植物组织，动物正遭受高温、缺水和食物短缺的折磨。

气候变化给人类和自然带来了压力，它也在以前所未有的规模撼动自然科学和林业科学。人们期待科学家回答那些没有正确答案的问题。未来会怎样？未来的森林会是什么样子？我们现在应该如何调整以更好地应对未来的挑战？突然间，科学不仅要创造新的知识和发布经过验证的事实，而且要机智地处理具有高度不确定性的事情。林务员要做出长期规划。而林业此前一直在对未来进行押注。在过去，只要你相信未来不会发生太大变化，那就能一切顺利。

科学家们所学的是尽可能精确地测量和描述，他们根据自然元素的形态、来源和功能进行分类。研究人员会找出自然规律来解释某些现象存在的原因，例如森林科学家经过几代人的努力，探明了树木如何生长以及它们在一生中能产生多少木材。通过产量表，林务员能够确定他们何时可以收获多少木材，评估区位条件以及判断该区位适宜哪种树木。在林务员对森林发展做决策时，这些都是重要依据。在当下这个数字时代，我们有了计算机模型，其计算结果似乎可以为这类问题提供更准确的答案。然而，这些模型的有效程度取决于它们的预测基础。如果模型中落下了某个重要因素，或者我们根本不知道它的存在，那么很快会导致错误的结果。无论你对过去某些树木的生长情况做了多好的测量和记录，一旦未来的气候条件有所不同，过去的经验和公式就不再有任何价值了。

因此，气候变化给我们的工作带来了大麻烦。突然间，植物生长的框架条件发生了变化。我们慢慢开始意识到，几十年后我们的区位条件可能会完全不同，例如环境会更炎热更干燥，导致许多我们熟悉的植物和动物物种无法在其传统栖息地存活下来。可能吧！但什么时候会发生呢？这就是我们现在要采取行动的原因吗？

过去林务员不需要怀疑他们保护或种植的树木，有一天会被他们的继任者在 100~120 年后采伐。今天的情况完全不同。我们感受到对未来进行预测是多么重要，但前景却比以前更加难以看清。几个世纪以来，我们一直在付出越来越多的努力，用越来越精确的仪器和方法来研究自然，但结果却不得不让我们意识到，我们甚至无法回答最简单的问题。未来将会怎样？我们不知道。这种无知不是简单的知识缺口，只要研究人员多花点工夫就能堵上。这种无知是无法解决的，它不能被消除。人们必须学会与之共处。

自 2018 年起，夏季的极端天气明显给森林造成了压力，越来越多的树木死亡，部分区域整片土地的颜色都从绿色变成了棕色，电视、广播和报纸等媒体的记者都想知道现在该做些什么来拯救森林。"森林病得多重？""我们是否正在经历新一轮的森林死亡？""我们现在要种植哪些树木？"，以及反复被问及的问题："未来的森林是什么样子的？"政治家们也有同样的疑问。这让科学家们感到不自在，因为媒体代表和决策者们都期待清晰简短的声明，不想听"既……又……"，当然更不想听"我不知道"。

那些不能给出简单回答的人，之后可能就会被置之不理。这就会很大程度上引诱科学家做出一些看似肯定的发展预测，并提出看似具体的建议。例如，一些科学家推荐了非常具体的树种，他们认为这些树种能够适应未来，这些树种通常是来自其他大陆的树种，如花旗松、北美红桥或者日本落叶松。推荐的后果就是，这些物种会被大规模地种植在森林中。但这些物种是否真的能很好地适应未来的气候，还存在很大的不确定性，这种行动可能像之前一样直接失败。这些所谓的超级树木能否完全融入当地生态系统都是问题，它们可能直接被疾病夺走生命。而且种植林过多还可能会进一步削弱天然森林的力量。

疾病如白蜡树枯梢病和枫树烟皮病，或虫害如各种飞蛾和小蠹虫，目前已让许多树种受到了压力。通常情况下，如果树木此前已经受到干旱或高温的损害，再遭遇疾病或虫害时就会受到特别严重的打击。过去，林务员和科学家一再惊讶于哪些树种在何时何地受到了损害，而没有就任何一次树种危机做出过可靠预测。这种预测甚至是不可能的，因为其间有大量个体因素在相互影响。过去和现在都只清楚的一点是，由于气候变化，森林及其所有生物所面临的危险正在极大地增加。其余的都是不确定性。这本身就是一个大问题。假装这种不确定性并不存在是很危险的。

那些经常被利用且看起来很可靠的知识也是有风险的。一些科学家会使用计算机模型来制作彩色地图，用来显示哪些树种在未来可能遇到困难。这些预测的时间段往往是 21 世纪下半叶，例如 2041—2070 年。这些年份单看会有迷惑性，让人觉得很准确，但实则不然。这些计算的前提是假设了某些气候条件，但这些气候条件只有在非常具体的情况下才会出现。而气候给我们的教训是，它可以在很短的时间内给我们"惊喜"，带来完全不同的影响。可惜的是，当前的教训通常意味着我们低估了气候变化的程度和不确定性。没有人能够预测到，过去十年里4月的气候会突然一反常态，变得异常干燥和温暖。我们没有想到，急流会在夏天给我们带来创纪录的天气状况。我们此前根本不知道这种急流的存在，也不知道它会对我们的天气有影响。没有任何模型警告我们，德国大部分地区会出现数年的干旱。很少有森林科学家能在短期内看出，会有我们现在所经历的这种森林危机出现。这个问题确确实实是不可计算的。

现在摆在我们和森林面前的是什么？我们又要做什么？这种情况堪比在高山上一条可能暗藏危险的路线驾驶汽车。我们此前从未驾车经过这段路。我们猜测前方可能会有狭窄的弯道和陡峭的悬崖，在没有防撞护栏且非常狭窄的地方，可能会突然有车迎面而来。此外还可能有山体滑坡和落石风险，尤其是在雨天，道路变得湿滑，雾气阻碍了视线。我们可以想象一下有三种类型的司机。一个爱冒险的司机会说，他目前为止开车还没有发生过事故——不会那么糟糕的——然后就加速离开。而在这种情况下，很明显过去的经验在未来的道路上只能提供有限的帮助。一个讲求技术的司机会在出发前研究最新的天气报告，试图了解此前的交通状况，并为车辆配备安全气囊、报警信号灯、转向和刹车的辅助系统。谨慎且有风险意识的司机虽然也会努力确保技术安全并系好安全带，但最重要的是降低车速，过每个弯道时都对随时可能出现的对向来车做好准备，鸣笛并随时准备在必要情况下紧急停车。

若将其转换到森林上。首先我们不能再以"现在仍然进行得很顺利，那就继续像以前一样吧"为方针。其次，更多的知识和更多的技术并不能保护我们免受不可控制的快速变化的影响，这些变化将使我们措手不及。我们唯一能做的就是遵循谨慎和预防的原则。我们必须意识到未来有不可预见的危险，并接受未来总会出乎意料的事实。我们应该尽可能地让自己了解即将发生的危险，但试图精确计算无法计算的东西是毫无意义的。这就是为什么我们必须把脚从油门上移开。

对待森林意味着不要对它期望太高，尽可能不要改造和利用它，而是要提升它自身的抵抗力。如果我们确信未来气候将是炎热、干燥和极端的，那么关于究竟什么时候可能出现哪些气候条件，以及全球范围内是否会比 150 年前暖和 2℃ ~3℃ 的知识就不那么重要了。更重要的是帮助森林尽可能地保持自身的凉爽和湿润。

我们知道，森林生态系统本质上是复杂的超级有机体，当所有元素之间构成了完整的网络系统时，它会更加健康。因此，与其详细研究和描述这些组成部分和其联结网络，不如确保它们不被破坏。

我们也不知道森林生态系统本身是否有足够的力量来适应未来的挑战。但是，为什么我们人类总认为自己有更聪明的解决方法呢，只因我们能提前看到问题？大自然不是一个简单的钟表，不会永远匀速跳动。森林更像是一个复杂的信息处理系统，其中关于解决问题的信息储存在生物体的遗传物质和它们之间的互动中。在进化的过程中，这些信息不断得到检验和进一步发展。因此，我们确实可以说森林中存在一种生态系统智能。这种智能并不以意识或对未来的想象力为前提，但它是森林在自然界中能够面对不测做出反应的条件。

例如当森林被烧毁时，会有一些先锋树种的种子被相对快速地带入森林中，开始重启生态系统。它们已经适应了刚被烧毁的地区普遍存在的困难环境，可以在没有腐殖质的情况下发芽，忍受极端的化学和物理条件。通常这些树木，如欧洲山杨树，已经提前在被烧毁的地区找到了菌根真菌等重要的伙伴，在它们的帮助下，树木可以有一个更好的开始。

这些重建方法都不需在火灾后重新发明，生态系统可以从其"记忆"中完全无意识地调用解决方案。这样一来，森林生态系统就能弥合由火灾或风暴等不可预测的干扰造成的"创伤"。之后植被再次恢复，土壤被迅速覆盖和固定。先锋植物的活动使土壤被遮蔽和冷却，从而留住了必需的水分，越来越多的物种便可以加入进来并重建生态系统。将这一过程称为大自然的"自我修复能力"似乎并不牵强。许多生态系统的基因中都写入了类似的过程和功能，一旦环境发生变化，或疾病导致个别重要物种消失时，它们就会发挥作用。在当前的森林危机中也可以观察到这点。例如在严重的干旱过后，某些极端位置的山毛榉树会死亡，但死亡的并不是整个森林，其他更耐旱的树种会获得机会参与森林重建，如欧洲鹅耳枥或者椴树。

为了证明林务员在面对气候变化时需要比以前进行更多的干预——而且在任何情况下他们都不应该相信自然过程——弗赖堡的一位著名造林学教授在接受《南德意志报》采访时说，自然界自我修复的想法是"毫无根据"的。这简直是一位科学家为了竞争所能做出的最糟糕的指责之一。毫无根据的意思是，某一论断或建议没有证据，这意味着它们是不科学的。在这种情况下，这一指责似乎揭示了林业科学的双重危机。一方面，它表明一些人为了证明自己行为的合理性，直接无视和否认自然界的事实和既有知识。另一方面，它揭示了我们对科学家的一个严重误解，即科学家总会在困难关头提出关键论据并给出建议。毕竟谁能证明生态系统能够应对未来的所有挑战？当然没有人。如果气候变化最终真的像可信的预测那样严重的话，甚至可以说会有很多人持反对意见。而事实上，问题恰恰在于这种可信度。这群森林科学家几年前甚至无法预测严重的森林危机，若说他们比几百万年来一直在训练如何应对未知和意外情况的大自然更了解未来的森林要如何发展，这能有多大的可信度和可能性？

从这个角度看，气候变化教会了我们谦逊。我们迫切需要学习如何更好地面对我们的无知。我们不应该对自己如此确信，也不应该轻率地无视自然界的知识。与其相信聪明的工程师和他们的技术方案能拯救世界，不如按照谨慎和预防的古老原则行事。发现并尊重自己的无知，可以帮我们做好许多事情。

致谢

我已经写了许多书，也曾多次向家人致谢。当然对出版社的员工的感谢也必不可少。不过在这本书中，我想把拉尔斯·舒尔策－科萨克从他的办公团队中单独请出来。在处理我这本书的合同事宜时，他非常高效。拉尔斯和他的妻子纳贾以及整个代理团队就出版条件进行谈判，处理问询，防卫版权侵权行为，甚至还帮助一部电影落地。谈判不是我的强项，我总是想把一切都交给别人。值得高兴的是，拉尔斯为我画出了必要的底线，而且最重要的是他是一个开拓者。没有他，我就不会选择在路德维希出版社出版这本书，在与他们的合作中我感到非常愉快。

其次要感谢的是森林学院的工作人员。他们是我与所有热情读者之间的联络人，这些读者可能还有问题想要问我，或者只是想过来拜访，顺便看看那些给我带来灵感的树都在哪里。这个团队承担了所有相关工作，让我可以专注于作为讲师的活动。在活动中，我有幸与人们一起漫游艾费尔山区的森林，并从事我此生一直坚持的事业：介绍树木的生活。

注释

1 https://www.sueddeutsche.de/wissen/kastanien-schaedlinge-blueteum-welt-1.5052988

2 Beispielsweise hier: https://www.infranken.de/ratgeber/garten/gartenjahreszeiten/kurios-im-herbst-bluehende-baeume-schmuecken-die-naturin-franken-art-3666516

3 https://www.swr.de/wissen/haben-pflanzen-gefuehle-100.html

4 https://www.bloomling.de/info/ratgeber/haben-pflanzen-ein-gehirn

5 Hagedorn F. et al.: Recovery of trees from drought depends on belowground sink control, in: *Nature Plants* (2016), DOI: 10.1038/nplants.2016.111.

6 Solly, E. F. et al.: Unravelling the age of fine roots of temperate and boreal forests, https://www.nature.com/articles/s41467-018-05460-6

7 https://www.ncbi.nlm.nih.gov/pmc/articles/PMC6015860/

8 Man kann die Erbse trainieren, fast wie einen Hund«, Interview in der GEO Nr. 09/2019, https://m.geo.de/natur/naturwunder-erde/21836-rtklkluge-pflanzen-man-kann-die-erbse-trainieren-fast-wie-einen-hund?utm_source=Facebook&utm_medium=Post&utm_campaign=geo_fanpage

9 https://www.mecklenburgische-seenplatte.de/reiseziele/nationalesnaturmonument-ivenacker-eichen

10 Weltecke, K. et al.: Rätsel um die älteste Ivenacker Eiche, in: *AFZ* Nr. 24/2020, S. 12–17

11 Roloff, A.: Vitalität der Ivenacker Eichen und baumbiologische Überraschungen, in: *AFZ* Nr. 24/2020, S. 18–21

12 https://www.br.de/wissen/epigenetik-erbgut-vererbung100.html

13 Epigenetik in Bäumen hilft bei Altersdatierung, Pressemitteilung der TU München vom 18.11.2020

14 Bose, A. et al.: Memory of environmental conditions across generations affects the

acclimation potential of scots pine, in: *Plant, Cell & Environment*, Volume 43, Issue 5, 28.01.2020, https://doi.org/10.1111/pce.13729

15 Hussendörfer, E.: Baumartenwahl im Klimawandel: Warum (nicht) in die Ferne schweifen?!, in: *Der Holzweg*, oekom Verlag, München, 2021, S. 222

16 Allen, Scott T. et al.: Seasonal origins of soil water used by trees, https://doi.org/10.5194/hess-23-1199-2019, veröffentlicht am 1. März 2019

17 https://www.kiwuh.de/service/wissenswertes/wissenswertes/wald-bodenwasserfilter-wasserspeicher

18 Veränderung der jahreszeitlichen Entwicklungsphasen bei Pflanzen, Umweltbundesamt, https://www.umweltbundesamt.de/daten/klima/veraenderung-der-jahreszeitlichen#pflanzen-als-indikatoren-furklimaveranderungen

19 Zimmermann, Lothar et al.: Wasserverbrauch von Wäldern, in: *LWF aktuell* 66/2008, S. 16

20 R. C. Ward, M. Robinson: Principles of Hydrology, 3. Aufl., McGrawHill, Maidenhead, 1989

21 Pressemitteilung der Bayerischen Landesanstalt für Wald und Forstwirtschaft, https://www.lwf.bayern.de/service/presse/089262/index.php?layer=rss

22 Flade, M. und Winter, S.: Wirkungen von Baumartenwahl und Bestockungstyp auf den Landschaftswasserhaushalt, in: *Der Holzweg*, oekom Verlag, München, 2021, S. 240

23 https://www.ncbi.nlm.nih.gov/pmc/articles/PMC125091/

24 Hamilton, W. D. und Brown, S. P: Autumn tree colours as a handicap signal, https://doi.org/10.1098/rspb.2001.1672

25 Döring, T.: How aphids find their host plants, and how they don't t, in: *Annals of Applied Biology*, 16. Juni 2014, https://doi.org/10.1111/aab.12142

26 Archetti, M.: Evidence from the domestication of apple for the maintenance of autumn colours by coevolution, in: *Proc. R. Soc. B*.2762575–2580, https://doi.org/10.1098/rspb.2009.0355

27 Zani, Deborah et al.: Increased growing-season productivity drives earlier autumn leaf senescence in temperate trees, in: *Science* Vol. 370, Issue 6520, S. 1066–1071, 27.11.2020

28 Winter in Deutschland werden immer wärmer, Deutschlandfunk, 21.12.2020, https://www.deutschlandfunk.de/klimawandel-winter-indeutschland-werden-immer-

waermer.676.de.html?dram:article_id=489700

29 Bäume spüren den Frühling, in: SVZ, 25.03.2019, https://www.svz.de/ratgeber/
eltern-kind/baeume-spueren-den-fruehling-id23115812.html

30 War der letzte Winter zu warm für unsere Waldbäume? Pressemitteilung der Eidg.
Forschungsanstalt für Wald, Schnee und Landschaft WSL vom 19.03.2020

31 Gericht stoppt vorläufig Rodung im Hambacher Forst, https://www.spiegel.
de/wirtschaft/soziales/hambacher-forst-gericht-verfuegt-einstweiligenrodungs-
stopp-a-1231705.html

32 Ibisch, P. et al.: Hambacher Forst in der Krise: Studie zur mikro- und
mesoklimatischen Situation sowie Randeffekten, Eberswalde/Potsdam, 14. August
2019

33 https://www.greenpeace.de/themen/klimawandel/folgen-des-klimawandels/hitze-
sichtbar-gemacht

34 Landesforsten RLP: Einschlagstopp für alte Buchen im Staatswald, Mitteilung
des Ministeriums für Umwelt, Energie, Ernährung und Forsten vom 03.09.2020,
https://mueef.rlp.de/de/pressemeldungen/detail/news/News/detail/landesforsten-rlp-
einschlagstopp-fuer-alte-buchen-imstaatswald/?no_cache=1

35 Zimmermann, L. et al.: Wasserverbrauch von Wäldern, in: *LWF aktuell*, 66/2008, S. 19

36 Makarieva, Anastassia & Gorshkov, Victor. (2007). Biotic pump of atmospheric
moisture as driver of the hydrological cycle on land. Hydrology and Earth System
Sciences. 11. 10.5194/hessd-3-2621-2006.

37 Unterscheiden sich Laubbäume in ihrer Anpassung an Trockenheit? Wie viel Wasser
brauchen Laubbäume?, Max-Planck-Institut für Dynamik und Selbstorganisation,
https://www.ds.mpg.de/139253/05

38 Sheil, D.: Forests, atmospheric water and an uncertain future: the new biology of the
global water cycle, in: *Forest Ecosystems* 5, 19 (2018). https://doi.org/10.1186/s40663-
018-0138-y

39 van der Ent, R. J., H. H. G. Savenije, B. Schaefli, and S. C. Steele-Dunne (2010),
Origin and fate of atmospheric moisture over continents, Water Resour. Res., 46,
W09525, doi:10.1029/2010WR009127.

40 Dörries, B.: Kampf ums Wasser, Süddeutsche Zeitung, https://www.sueddeutsche.de/
politik/aegypten-aethiopien-nil-damm-1.4950300

41 Holl, F.: Alexander von Humboldt. Mein vielbewegtes Leben. Der Forscher über sich

und seine Werke, Eichborn Verlag, 2009, S. 118

42   Arabidopsis thaliana, https://www.spektrum.de/lexikon/biologiekompakt/arabidopsis-thaliana/815

43   Crepy, M. und Casal, J.: Photoreceptor-mediated kin recognition in plants, in: *New Phytologist* (2015) 205: 329–338, doi: 10.1111/nph.13040

44   Wu, K.: Eine Astlänge Abstand: Social Distancing unter Bäumen, in: *National Geographic*, 08.07.2020, https://www.nationalgeographic.de/wissenschaft/2020/07/eine-astlaenge-abstand-social-distancing-unterbaeumen

45   Bilas, R. et al.: Friends, neighbours and enemies: an overview of the communal and social biology of plants, https://onlinelibrary.wiley.com/doi/pdf/10.1111/pce.13965?casa_token=z8gB0Z9Cny8AAAAA:fSwX9nnN ww9tJcASawxW0kdRht_J1vED1Zc5ZrGnH-ifRcgZXgdDz9Cm91qcly NBS28rg5B6GF-Dfs8

46   Ramirez, K. et al.: Biogeographic patterns in below-ground diversity in New York City's Central Park are similar to those observed globally, in: *Proceedings of the Royal Society B*, 22.11.2014, https://doi.org/10.1098/rspb.2014.1988

47   Übersetzung aus dem Englischen, Ibisch, P. L. und Blumröder, J. S.: Waldkrise als Wissenskrise als Risiko, Universitas 888: 20–42, 2020, aus: Rodriguez, R. J. et al. 2009. Fungal endophytes: diversity and functional roles. 182(2): 314–330.

48   Hubert, M.: Der Mensch als Metaorganismus, Deutschlandfunk, 30.12.2018, https://www.deutschlandfunk.de/meine-bakterien-und-ichder-mensch-als-metaorganismus.740.de.html?dram:article_id=436989

49   Entstanden Nervenzellen, um mit Mikroben zu sprechen? Mitteilung der Christian-Albrechts-Universität zu Kiel vom 10.07.2020, https://www.uni-kiel.de/de/universitaet/detailansicht/news/168-klimovich-pnas

50   https://www.bfn.de/themen/artenschutz/regelungen/vogelschutzrichtlinie.html

51   Fierer, N. et al.: The influence of sex, handedness, and washing on the diversity of hand surface bacteria, in: *PNAS* November 18, 2008 105 (46) 17994–17999, https://doi.org/10.1073/pnas.0807920105

52   Schüring, J.: Wie viele Zellen hat der Mensch? https://www.spektrum.de/frage/wie-viele-zellen-hat-der-mensch/620672

53   Ibisch, P. L. und Blumröder, J. S.: Waldkrise als Wissenskrise als Risiko, Universitas 888: 20–42, 2020

54   Cypiomka, H.: Von der Einfalt der Wissenschaft und der Vielfalt der Mikroben,

http://www.pmbio.icbm.de/download/einfalt.pdf

55 Wir sind von Milliarden Phagen besiedelt, in: *Scinexx*, https://doi.org/10.1128/mBio.01874-17

56 Werner, G. et. al.: A single evolutionary innovation drives the deep evolution of symbiotic N2 fixation in angiosperms, in: *Nature* communications, 10.06.2014; doi: 10.1038/ncomms5087

57 Raaijmakers, J. und Mazzola, M.: Soil immune responses, in: *Science*, 17. Juni 2016, DOI: 10.1126/science.aaf3252

58 https://www.bpb.de/nachschlagen/zahlen-und-fakten/globalisierung/52727/waldbestaende

59 Erste Baumsprengung in Thüringen stellt Experten vor Probleme, in: *Thüringer Allgemeine*. 8. September 2019

60 BGH, Urteil vom 02.10.2012 – VI ZR 311/11

61 Deutliches Ergebnis: Nadelholz ist nicht ersetzbar, in: *Holzzentralblatt* Nr. 18 vom 30.04.2015, S. 391

62 Zum Beispiel hier: https://www.maz-online.de/Brandenburg/Wegen-desKlimawandels-Pakt-fuer-den-Wald-schliessen

63 Von Koerber, Karl et al.: Titel: Globale Ernährungsgewohnheiten und -trends, München, Berlin 2008, externe Expertise für das WBGUHauptgutachten »Welt im Wandel: Zukunftsfähige Bioenergie und nachhaltige Landnutzung«

64 Rock, J. u. Bolte, A.: Welche Baumarten sind für den Aufbau klimastabiler Wälder auf welchen Böden geeignet? Eine Handreichung. https://www.wbvsachsen-anhalt.de/index.php/component/jdownloads/send/14-dokumenteoeffentlich/115-ig-waldbodenschutz-st-rock?option=com_jdownloads

65 Vogel, A.: Rheinbacher Wald in katastrophalem Zustand, https://ga.de/region/voreifel-und-vorgebirge/rheinbach/rheinbacher-wald-inkatastrophalem-zustand_aid-43889517

66 Blattfraß an Baumhasel durch die Breitfüßige Birkenblattwespe, in: *AFZ Der Wald*, 21.10.2020, https://www.forstpraxis.de/blattfrass-anbaumhasel-durch-die-breitfuessige-birkenblattwespe/?utm_campaign=fp-nl&utm_source=fp-nl&utm_medium=newsletter-link&utm_term=2020-10-23-12&fbclid=IwAR0X84tLDDHuYNs-ZyGIR7uwb7 EssQCXPovMiZ1soNrH7oXx6YB aP7GPinA

67 Können Bäume eine schwere Grippe bekommen? Pressemitteilung der Humboldt-Universität zu Berlin vom 06.08.2020, https://idw-online.de/de/news752279

68 Bauhaus pflanzt eine Million Bäume, https://richtiggut.bauhaus.info/1-million-baeume/initiative

69 https://richtiggut.bauhaus.info/1-million-baeume/initiative/faq

70 https://www.sdw.de/ueber-uns/leitbild/leitbild.html

71 https://www.sdw.de/cms/upload/pdf/Pflanzkodex_Bewerbungsbogen.pdf

72 https://growney.de/blog/langfristig-sind-reale-renditen-entscheidend

73 Holzmenge nach 100 Jahren 800 Kubikmeter, davon höchstens 400 Kubikmeter hochwertiges Sägeholz, welches nach Abzug der Ernte- und Verwaltungskosten durchschnittlich 30 € /Kubikmeter bringt, in Summe 12000 €

74 Dr. Tottewitz, Frank et al.: Streckenstatistik in Deutschland – ein wichtiges Instrument im Wildtiermanagement, https://web.archive.org/web/20191103113631/ https://www.jagdverband.de/sites/default/files/1-WILD_PosterGWJF_2016_ Jagdstrecke.pdf

75 Dokumentations- und Beratungsstelle des Bundes zum Thema Wolf, https://dbb-wolf.de/Wolfsvorkommen/territorien/zusammenfassung

76 https://www.nabu.de/tiere-und-pflanzen/saeugetiere/wolf/wissen/15572.html

77 Dokumentations- und Beratungsstelle des Bundes zum Thema Wolf, https://www. dbb-wolf.de/mehr/faq/was-ist-ein-territorium-und-wiegross-ist-es

78 Knauer, F. et al.: Der Wolf kehrt zurück – Bedeutung für die Jagd?, in: *Weidwerk* Nr. 9/2016, S. 18–21

79 Hoeks, S. et al.: Mechanistic insights into the role of large carnivores for ecosystem structure and functioning, in: *Ecography* 43, S. 1752–1763, 29.07.2020, doi: 10.1111/ecog.05191

80 Eines von vielen Beispielen: https://www.wald.rlp.de/de/forstamt-trier/angebote/ brennholz/10-gruende-mit-holz-zu-heizen/

81 Pretzsch, H.: The course of tree growth. Theory and reality, in: *Forest Ecology and Management*, Volume 478, 2020, 118508, https://doi.org/10.1016/ j.foreco.2020.118508.

82 Der Wald in Deutschland, ausgewählte Ergebnisse der dritten Bundeswaldinventur, S. 16, Bundesministerium für Ernährung und Landwirtschaft (BMEL), Berlin, April 2016

83 Piovesan, G. et al.: Lessons from the wild: slow but increasing long-term growths allows for maximum longevity in European beech, in: *Ecology* 100(9): e02737.10.1002/ecy.2737, 2019

84 Frühwald, A. et al.: (2001) Holz – Rohstoff der Zukunft nachhaltig verfügbar und umweltgerecht. Informationsdienst Holz, DGfH e.V. und HOLZABSATZFONDS, Holzbauhandbuch, Reihe 1 Teil 3 Folge 2, 32 S.

85 https://www.fnr.de/fileadmin/allgemein/pdf/broschueren/Handout_ Rohstoffmonitoring_Holz_Web_neu.pdf

86 https://www.robinwood.de/blog/aktionstag-wilde-wälder-schützen---nicht-verfeuern

87 Letter from scientists to the EU Parliament regarding forest biomass, 14.01.2018, https://plattform-wald-klima.de/wp-content/uploads/2018/11/Scientist-Letter-on-EU-Forest-Biomass.pdf

88 ClimWood2030, Climate benefits of material substitution by forest biomass and harvested wood products: Perspective 2030, Thünen Report 42, Hamburg, April 2016, S. 106, https://www.thuenen.de/media/publikationen/thuenen-report/ Thuenen_Report_42.pdf

89 Klima: Der große Kohlenspeicher, Heinrich Böll Stiftung, 08.01.2015, https://www. boell.de/de/2015/01/08/klima-der-grosse-kohlenspeicher

90 Literaturstudie zum Thema Wasserhaushalt und Forstwirtschaft, ÖkoInstitut e.V., Berlin, 08.09.2020, S. 12

91 Dean, C. et al.: The overlooked soil carbon under large, old trees, in: *Geoderma*, Volume 376, 2020, 114541, https://doi.org/10.1016/j.geoderma.2020.114541

92 Soppa, R.: Waldbauern fordern 5 % aus CO2-Abgabe als Anerkennung für die Klimaschutzleistung ihrer Wälder, https://www.forstpraxis.de/waldbauern-fordern-5-aus-co2-abgabe-als-anerkennung-fuer-dieklimaschutzleistung-ihrer-waelder/

93 Für diese Technologie will Elon Musk einen Millionenpreis vergeben, in: *Frankfurter Allgemeine Zeitung*, 22.01.2021, https://www.faz.net/aktuell/wirtschaft/co2-bindung-elon-musik-vergibt-preis-fuer-diese-technologie-17159260.html

94 Carbon Capture and Storage, Umweltbundesamt, 15.01.2021, https://www. umweltbundesamt.de/themen/wasser/gewaesser/grundwasser/nutzung-belastungen/ carbon-capture-storage#grundlegende-informationen

95 VW-Chef Herbert Diess: »Ich wünsche mir eine höhere CO2-Steuer von der Politik«, WiWo, https://www.wiwo.de/unternehmen/industrie/autoindustrie-vw-chef-

herbert-diess-ich-wuensche-mir-eine-hoehere-co2-steuer-von-der-politik/25467716. html

96 Ellison, D. et al.: Trees, forests and water: Cool insights for a hot world, Global Environmental Change, Nr. 43/2017, S. 51–61, https://doi.org/10.1016/ j.gloenvcha.2017.01.002.

97 Eckert, D.: 150 000 000 000 000 Dollar – der Wert des Waldes schlägt sogar den Aktienmarkt, in: *Die Welt*, https://www.welt.de/wirtschaft/article 212771705/Neue-Studie-Waelder-der-Welt-sind-wervoller-als-derAktienmarkt.html?fbclid=IwAR0RC QF1F2mmE7KREGT0rrybT8sVIOrp DpV0f8qW6LHHqa2_0eQBALtP0L0

98 Pressemitteilung des Bundesministeriums für Ernährung und Landwirtschaft, https://bonnsustainabilityportal.de/de/2012/09/bmelv-13-kubikmeter-holzverbrauch-pro-kopf-in-deutschland/

99 Stickstoff im Wald, http://www.fawf.wald-rlp.de/fileadmin/website/fawfseiten/fawf/ downloads/WSE/2016/2016_Stickstoff.pdf

100 Etzold, S. et al.: Nitrogen deposition is the most important environmental driver of growth of pure, even-aged and managed European forests. Forest Ecology and Management, 458: 117762 (13 pp.). doi: 10.1016/j.foreco.2019.117762

101 https://www.bmel.de/DE/themen/wald/wald-in-deutschland/waldtrockenheit-klimawandel.html

102 https://de.statista.com/statistik/daten/studie/162378/umfrage/einschlagsmenge-an-fichtenstammholz-seit-1999/

103 http://alf-ku.bayern.de/forstwirtschaft/245181/index.php

104 https://privatwald.fnr.de/foerderung#c39996

105 https://www.waldeigentuemer.de/verband/mitglieder/

106 https://www.abgeordnetenwatch.de/blog/nebentaetigkeiten/das-verdienendie-abgeordneten-aus-dem-bundestag-nebenbei

107 https://www.waldeigentuemer.de/neustart-beim-insektenschutz/

108 https://www.fnr.de/fnr-struktur-aufgaben-lage/fachagentur-nachwachsenderohstoffe-fnr

109 https://heizen.fnr.de/heizen-mit-holz/der-brennstoff-holz/

110 https://www.fnr.de/fnr-struktur-aufgaben-lage/fachagentur-nachwachsenderohstoffe-fnr/mitglieder

111 Dazu die Zeitschrift Ökotest: »Hinter dem PEFC-Label verbirgt sich ein

Zertifizierungssystem von Forstindustrie und Waldbesitzerorganisationen ···Kaum eine Umweltorganisation unterstützt das PEFC-Label. Der WWF etwa hält das Waldzertifizierungssystem für »nicht glaubwürdig«, https://www.oekotest.de/freizeit-technik/Waldsterben-Was-jeder-einzelnedagegen-tun-kann-_11401_1.html

112 https://www.bundeswaldpraemie.de/hintergrund

113 https://www.bundestag.de/mediathek?videoid=7481950&url=L21lZGlhdGhla292ZXJsYXk=&mod=mediathek#url=L21lZGlhd Ghla292ZXJsYXk/dmlkZW9pZD03NDgxO TUwJnVybD1MMMjFs WkdsaGRHaGxhMjkyWlhKc1lYaz0mbW9kPW1lZGlhdGhla w==&mod=mediathek

114 Pressemitteilung des Max-Planck-Instituts für Biogeochemie vom 10. Februar 2020, https://www.mpg.de/14452850/nachhaltige-wirtschaftswalderein-beitrag-zum-klimaschutz

115 Waldschutz ist besser für Klima als Holznutzung: Studie des Max-PlanckInstituts für Biogeochemie mehrfach widerlegt, Pressemitteilung der Hochschule für nachhaltige Entwicklung Eberswalde vom 10.08.2020

116 Luyssaert, S. et al.: Old-growth forests as global carbon sinks, in: *Nature* Vol 455, 11.09.2008, S. 213ff.

117 https://www.bgc-jena.mpg.de/bgp/index.php/EmeritusEDS/EmeritusEDS

118 Verseck, K.: Holzmafia in Rumänien – Förster in Gefahr, Spiegelonline vom 01.11.2019, https://www.spiegel.de/panorama/justiz/holzmafia-inrumaenien-zwei-morde-an-foerstern-a-1294047.html

119 Nationalpark-Verwaltung Hainich (Hrsg.) (2012). Waldentwicklung im Nationalpark Hainich – Ergebnisse der ersten Wiederholung der Waldbiotopkartierung, Waldinventur und der Aufnahme der vegetationskundlichen Dauerbeobachtungsflächen. Schriftenreihe Erforschen, Band 3, Bad Langensalza

120 Schulze, E. D., Sierra, C.A., Egenolf, V., Woerdehoff, R., Irsllinger, R., Baldamus, C., Stupak, I. & Spellmann, H. (2020a): The climate change mitigation effect of bioenergy from sustainably managed forests in Central Europe. GCB Bioenergy 12, 186–197, https://doi.org/10.1111/gcbb.12672.

121 Auf der Homepage der HNE nicht mehr verfügbar, dafür bei den Mitautoren der Naturwaldakademie: https://naturwald-akademie.org/presse/pressemitteilungen/waldschutz-ist-besser-fuer-klima-als-holz-nutzung/

122 https://www.thuenen.de/media/ti/Ueber_uns/Das_Institut/2020-02_Thuenen_Flyer_

dt.pdf

123　Unter anderem Tweet vom 8. September 2020, der Account wurde 2021 auf »privat« umgestellt. https://twitter.com/BolteAnd

124　https://www.bmel.de/DE/ministerium/organisation/beiraete/waldpolitikorganisation.html

125　Pressemitteilung (inzwischen geändert) der HNEE https://www.hnee.de/de/Aktuelles/Presseportal/Pressemitteilungen/Waldschutz-ist-besser-frdas-Klima-als-die-Holznutzung-Diskussionsbeitrag-zur-Studie-des-MaxPlanck-Instituts-fr-Biogeochemie-E10806.htm, ursprünglicher Hinweis zum wissenschaftlichen Beirat in der Pressemitteilung auf der Seite der Naturwald Akademie: https://naturwald-akademie.org/presse/pressemitteilungen/waldschutz-ist-besser-fuer-klima-als-holz-nutzung/

126　https://www.carpathia.org

127　Krishen, P.: Introduction, in: *The Hidden Life of Trees*, Penguin Random House India, 2016

128　Evers, M.: Wie ein Ölkonzern sein Wissen über den Klimawandel geheim hielt, https://www.spiegel.de/spiegel/wie-shell-sein-wissen-ueber-denklimawandel-geheim-hielt-a-1202889.html

129　Offener Brief an die EU, https://drive.google.com/file/d/0B9HP_Rf4_eHtQUpyLVIzZE8zQWc/view

130　O'Brien, M. und Bringezu, S.: What Is a Sustainable Level of Timber Consumption in the EU: Toward Global and EU Benchmarks for Sustainable Forest Use, https://doi.org/10.3390/su9050812

131　https://de.statista.com/statistik/daten/studie/36202/umfrage/verbrauchvon-erdoel-in-europa/

132　Bundesverfassungsgericht, Urteil vom 31.05.1990, NVwZ 1991, S. 53

133　BVerfG, Beschluss des Zweiten Senats vom 12. Mai 2009 – 2 BvR 743/01 –, Rn. 1–74

134　Bundeskartellamt: Holzverkauf ist keine hoheitliche Aufgabe, https://www.bundeskartellamt.de/SharedDocs/Interviews/DE/Stuttgarter_Ztg_Holzverkauf.html

135　Schmidt, J.: Klage gegen NRW: Sägewerker aus Kreis Olpe machen mit, https://www.wp.de/staedte/kreis-olpe/klage-gegen-nrw-saegewerkeraus-kreis-olpe-machen-mit-id230970318.html

136 Kartellklage gegen Forstministerium Rheinland-Pfalz, in: *Forstpraxis*, 29.06.2020, https://www.forstpraxis.de/kartellklage-gegenforstministerium-rheinland-pfalz/

137 Quelle: Homepage des Bundesinformationszentrums Landwirtschaft, https://www.landwirtschaft.de/landwirtschaft-verstehen/wie-arbeitenfoerster-und-pflanzenbauer/was-waechst-auf-deutschlands-feldern

138 Der Ökowald als Baustein einer Klimaschutzstrategie, Gutachten im Auftrag von Greenpeace e.V., https://www.greenpeace.de/sites/www.greenpeace.de/files/publications/20130527-klima-wald-studie.pdf

139 https://www.lwf.bayern.de/mam/cms04/service/dateien/mb-27-kohlenstoffspeicherung-2.pdf

140 Ausgewählte Ergebnisse der dritten Bundeswaldinventur, https://www.bundeswaldinventur.de/dritte-bundeswaldinventur-2012/rohstoffquelle-wald-holzvorrat-auf-rekordniveau/holzzuwachs-aufhohem-niveau/

141 https://www.wiwo.de/technologie/green/methan-wie-rinder-dem-klimaschaden/19575014.html

142 https://albert-schweitzer-stiftung.de/aktuell/1-kg-rindfleisch

143 https://www.bmel-statistik.de/ernaehrung-fischerei/versorgungsbilanzen/fleisch/

144 https://www.umweltbundesamt.de/bild/treibhausgas-ausstoss-pro-kopfin-deutschland-nach

145 https://www.epo.de/index.php?option=com_content&view=article&id=8430:ein-kilo-fleisch-so-klimaschaedlich-wie-1600-kilometer-autofahrt&catid=99:topnews&Itemid=100028

146 https://www.agrarheute.com/politik/niederlande-bieten-ausstiegspraemiefuer-tierhalter-574652

147 Statistik des Bundesministeriums für Ernährung und Landwirtschaft für das Jahr 2019, https://www.bmel-statistik.de/ernaehrung-fischerei/versorgungsbilanzen/fleisch/

148 Gesetz über den Nationalpark Unteres Odertal, Gesetz- und Verordnungsblatt für das Land Brandenburg, Potsdam, 16.11.2006

149 https://www.wisent-welt.de/artenschutz-projekt

150 Ein 900 Kilo schweres Problem, taz, 24.05.2020, https://taz.de/Wildtiereim-Rothaargebirge/!5684424/

151 Daudet, F. et al.: Experimental analysis of the role of water and carbon in tree stem

diameter variations, in: *Journal of Experimental Botany*, Vol. 56, Nr. 409, S. 135–144, Januar 2005, doi:10.1093/jxb/eri026

152   Zapater, M. et al.: Evidence of hydraulic lift in a young beech and oak mixed forest using 18 O soil water labelling, DOI: 10.1007/s00468-011-0563-9

153   Dawson, T. E.: Hydraulic lift and water use by plants: implications for water balance, performance and plant-plant interactions, in: *Oecologia* 95, S. 565–574 (1993). https://doi.org/10.1007/BF00317442

154   Sperber, G. und Panek, N.: Was Aldo Leopold sagen würde, in: *Der Holzweg*, oekom Verlag, München, 2021

155   https://www.swr.de/swr2/wissen/waldschutz-nehmt-den-foerstern-denwald-weg-100. html

156   GRÜNE LIGA Sachsen und NUKLA ./. Stadt Leipzig: Beschluss des OVG Bautzen vom 09.06.2020, https://www.grueneliga-sachsen.de/2020/06/gruene-liga-sachsen-und-nukla-stadt-leipzig-beschluss-des-ovg-bautzenvom-9-6-2020/

157   Clusterstatistik Forst und Holz, Tabellen für das Bundesgebiet und die Länder 2000 bis 2013, Thünen Working Paper 48, Hamburg, Oktober 2015, S. 14

158   Aus dem Kinofilm »Das geheime Leben der Bäume«, Constantin, Januar 2020

159   https://www.hs-rottenburg.net/aktuelles/aktuelle-meldungen/meldungen/ aktuell/2021/gemeinsame-erklaerung/

160   Baier, T. und Weiss, M.: Es ist nicht der Wald, der stirbt, es sind die Bäume, in: *Stuttgarter Zeitung* Nr. 228, 02.10.2020, S. 36, 37

161   https://www.bmu.de/themen/natur-biologische-vielfalt-arten/naturschutzbiologische-vielfalt/gebietsschutz-und-vernetzung/natura-2000/

162   https://wildnisindeutschland.de/warum-wildnis/

163   Symbiotic underground fungi disperse by wind, new study finds, Pressemitteilung der DePaul Universität Chicago, 7. Juli 2020

164   Spörkel, O.: Überraschend hohe Anzahl an Pilzsporen in der Luft, in: *Laborpraxis*, https://www.laborpraxis.vogel.de/ueberraschend-hoheanzahl-an-pilzsporen-in-der-luft-a-200852/